贵州师范大学教材和学术著作出版基金资助教材
普通高等院校电子电气类“十二五”规划系列教材

微型计算机原理及应用
实验教程

刘万松　曹晓龙　编著

西南交通大学出版社
·成　都·

内容简介

本书是为了配合“汇编语言程序设计”“微型计算机原理与接口技术”和“单片微型计算机原理与接口技术”三门课程而编写的实验教程。书中介绍了实践教学中涉及的实验内容，编排了基础性实验和综合设计性实验，以适应不同层次读者的需求。

全书内容分为三个部分：第一部分是汇编语言程序设计与调试，包括15个实验内容；第二部分是微型计算机接口技术实验，以西安唐都科教仪器公司生产的TD-PITD通用微机实验系统为平台，包括11个各种芯片接口实验；第三部分是单片微型计算机原理及接口技术实验，包括22个实验内容。这些实验，对于读者巩固和深入理解课程内容、提高实践能力和独立分析问题的能力有很大帮助。

本书可作为电子信息类和计算机类专业本、专科学生的实验教材，也可作为课程设计实验的参考用书。

图书在版编目（CIP）数据

微型计算机原理及应用实验教程 / 刘万松，曹晓龙编著. —成都：西南交通大学出版社，2013.12（2015.1 重印）

普通高等院校电子电气类“十二五”规划系列教材

ISBN 978-7-5643-2801-6

Ⅰ. ①微… Ⅱ. ①刘… ②曹… Ⅲ. ①微型计算机－高等学校－教材 Ⅳ. ①TP36

中国版本图书馆 CIP 数据核字（2013）第 313915 号

普通高等院校电子电气类“十二五”规划系列教材

微型计算机原理及应用实验教程

刘万松　曹晓龙　编著

*

责任编辑　李芳芳

助理编辑　宋彦博

特邀编辑　田力智

封面设计　何东琳设计工作室

西南交通大学出版社出版发行

（四川省成都市金牛区交大路 146 号　邮政编码: 610031　发行部电话: 028-87600564）

http: //www.xnjdcbs.com

成都勤德印务有限公司印刷

*

成品尺寸：185 mm × 260 mm　　印张：11.75

字数：294 千字

2013 年 12 月第 1 版　　2015 年 1 月第 2 次印刷

ISBN 978-7-5643-2801-6

定价：23.00 元

前　言

“汇编语言程序设计”“微型计算机原理与接口技术”和“单片微型计算机原理与接口技术”是应用性、实践性、实用性都很强的课程。因此，学生在学习过程中应充分重视实验环节，只有经过实践才能加深对理论课的学习和理解，提高分析问题、解决问题的能力。为此，我们专门编写了本实验教程作为“汇编语言程序设计”“微型计算机原理与接口技术”和“单片微型计算机原理与接口技术”三门课程的配套实验教材。本书实验内容由浅入深，包括基础性实验和综合设计性实验，以适应不同层次读者的需求。

本书主要内容及特点如下：在汇编语言程序设计与调试部分，系统地介绍了汇编语言程序设计与调试的实验环境、调试方法和设计方法，由浅入深地引入汇编语言程序设计中的各种典型问题。在微型计算机接口技术部分，主要是基于西安唐都科教仪器公司生产的 TD-PITD 通用微机实验系统开设的实验。实验内容包括各种接口芯片的使用方法、编程方法和综合应用。在单片微型计算机原理与接口技术部分，系统地介绍了 Keil C51 软件环境和 Proteus 设计与仿真平台，实验内容注重基础训练与实际应用相结合，所有实验程序和电路系统均成功通过调试运行。

本书由贵州师范大学刘万松和曹晓龙联合编著。在编写过程中，得到了西安唐都科教仪器公司的大力支持和帮助，得到了陈葡老师的协助，同时得到了贵州师范大学物理与电子科学学院电信专业师生的大力支持，在此一并表示衷心感谢。

由于作者水平有限，书中难免有不妥之处，恳请读者批评指正。

作　者

2013 年 8 月

目　录

第一部分　汇编语言程序设计与调试 ……………………………………………… 1
实验一　汇编语言源程序的建立及调试运行 ………………………………………… 1
实验二　DEBUG 命令及 8086 指令调试 ……………………………………………… 3
实验三　顺序结构程序 ……………………………………………………………… 17
实验四　分支结构程序 ……………………………………………………………… 19
实验五　循环结构程序 ……………………………………………………………… 20
实验六　子程序设计 ………………………………………………………………… 22
实验七　两个多位十进制数相加 …………………………………………………… 25
实验八　两个数相乘 ………………………………………………………………… 28
实验九　二进制数转换为 BCD 码 …………………………………………………… 30
实验十　码制转换 …………………………………………………………………… 32
实验十一　数据排序 ………………………………………………………………… 34
实验十二　字符的显示程序 ………………………………………………………… 36
实验十三　串操作 …………………………………………………………………… 37
实验十四　表中删除、插入元素程序设计 ………………………………………… 38
实验十五　字母大小写转换 ………………………………………………………… 40

第二部分　微型计算机接口技术实验 …………………………………………… 42
实验一　显示程序 …………………………………………………………………… 42
实验二　数据传送 …………………………………………………………………… 44
实验三　8259 中断控制 ……………………………………………………………… 45
实验四　8255 并行接口 ……………………………………………………………… 51
实验五　DMA 特性及 8237 应用 …………………………………………………… 56
实验六　8254 定时/计数器的应用 ………………………………………………… 63
实验七　8251 串行接口应用 ………………………………………………………… 70
实验八　A/D 转换 …………………………………………………………………… 83
实验九　D/A 转换 …………………………………………………………………… 86
实验十　8255 并行接口与交通灯控制 ……………………………………………… 90
实验十一　电子发声电路设计 ……………………………………………………… 93

第三部分　单片微型计算机原理及接口技术实验 ……………………………… 98
实验一　Keil C51 软件使用 ………………………………………………………… 98
实验二　Proteus 软件及应用 ……………………………………………………… 106

实验三　基于 Keil C51 的程序调试 114
实验四　数据块传送程序 118
实验五　数据排序程序 119
实验六　跑马灯电路 120
实验七　RAM 的扩展 122
实验八　简单 I/O 接口的扩展 123
实验九　报警电路的设计 125
实验十　LED 显示接口 127
实验十一　60 秒计数器 129
实验十二　电子秒表 131
实验十三　8255 并行接口的扩展 134
实验十四　键盘接口 136
实验十五　串行接口 138
实验十六　数字电压表的设计 140
实验十七　LED 点阵显示系统设计 144
实验十八　智能电子钟设计 147
实验十九　模拟交通灯电路设计 151
实验二十　数显频率计数器的设计 154
实验二十一　信号发生器的设计 157
实验二十二　图形点阵液晶显示器（LCD 12864） 163

附录　TD-PITD 系统说明 170

参考文献 182

第一部分
汇编语言程序设计与调试

实验一　汇编语言源程序的建立及调试运行

一、实验目的

（1）熟悉汇编语言源程序的建立及执行程序的生成过程；

（2）掌握 EDIT、MASM、LINK 的使用方法；

（3）掌握 8088 汇编语言基本指令的应用与简单编程。

二、实验要求

（1）用 EDIT 生成汇编语言源程序（*.ASM）；

（2）用 MASM 生成目标文件（*.OBJ）；

（3）用 LINK 生成执行文件（*.EXE）。

三、实验内容

本例给出的程序是要求从内存中存放的 10 个无符号字节整数数组中找出最小数，将其值保存在 AL 寄存器中。设定源程序的文件名为 AAA。

```
        DATA    SEGMENT
        BUF     DB  23H,16H,08H,20H,64H,8AH,91H,35H,2BH,7FH
        CN      EQU $-BUF
        DATA    ENDS
        STACK   SEGMENT STACK 'STACK'
        STA     DB  10 DUP(?)
        TOP     EQU $-STA
        STACK   ENDS
        CODE    SEGMENT
                ASSUME      CS:CODE,DS:DATA,SS:STACK
START:  PUSH    DS
        XOR     AX,AX
        PUSH    AX
        MOV     AX,DATA
        MOV     DS,AX
        MOV     BX,OFFSET BUF
        MOV     CX,CN
        DEC     CX
        MOV     AL,[BX]
        INC     BX
```

```
LP:     CMP     AL,[BX]
        JBE     NEXT
        MOV     AL,[BX]
NEXT:   INC     BX
        DEC     CX
        JNZ     LP
        MOV     AH,4CH
        INT     21H
        CODE    ENDS
        END     START
```

1. 用 EDIT 生成*. ASM 源文件

在 DOS 提示符下键入“EDIT　AAA.ASM ↙”，进入全屏幕编辑状态。录入程序后，用组合键调出功能菜单（ALT + F），选择保存文件（SAVE/SAVE AS）后选择退出（EXIT），返回 DOS 操作系统，得到 AAA.ASM 源文件。此时屏幕的显示状态如图 1.1.1 所示。

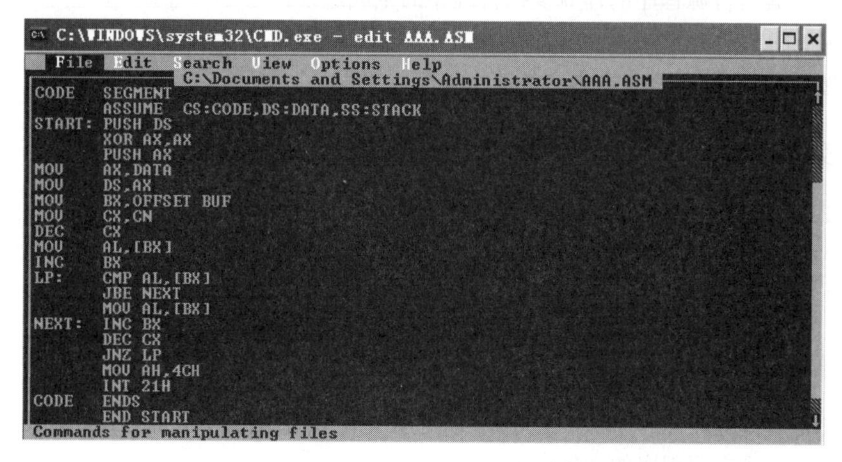

图 1.1.1　用 EDIT 编辑 AAA.ASM 程序窗口

2. 用 MASM 生成*.OBJ 目标文件

一般情况下，MASM 汇编程序的主要功能有以下 3 点：

（1）检查源程序中存在的语法错误，并给出错误信息。

（2）源程序经汇编后没有错误，则产生目标程序文件，扩展名为.OBJ。

（3）若程序中使用了宏指令，则汇编程序将展开宏指令。

在 DOS 提示符下键入“MASM　AAA. ASM ↙”，其余选项缺省，直接回车（↙↙…）。若源文件有语法错误，屏幕会显示错误提示，则应用 EDIT 修改源文件，直到无语法错误。此时 MASM 生成 AAA. OBJ 目标文件。其操作过程如图 1.1.2 所示。

```
C:\WINDOWS\system32\CMD.exe

E:\masm>masm AAA.ASM
Microsoft (R) Macro Assembler Version 5.00
Copyright (C) Microsoft Corp 1981-1985, 1987.  All rights reserved.

Object filename [AAA.OBJ]:
Source listing  [NUL.LST]:
Cross-reference [NUL.CRF]:

  50328 + 415096 Bytes symbol space free

      0 Warning Errors
      0 Severe  Errors

E:\masm>_
```

图 1.1.2　MASM 宏汇编程序工作窗口

3. 用 LINK 生成*. EXE 执行文件

经汇编以后产生的目标程序文件（.OBJ 文件）并不是可执行程序文件，必须经过链接以后，才能成为可执行文件（即扩展名为.EXE 的文件）。

在 DOS 提示符下键入“LINK　AAA.OBJ ↙”，其余选项缺省，直接回车（↙↙…），生成执行文件 AAA. EXE。若源程序中未设堆栈段，屏幕将显示提示符，但不会影响执行文件*. EXE 的生成。链接过程如图 1.1.3 所示。

图 1.1.3　LINK 链接程序工作窗口

4. 执行*. EXE 文件

在 DOS 提示符下键入“AAA. EXE ↙”或“AAA ↙”即可，执行步骤如图 1.1.4 所示。本程序中没有用到 DOS 中断调用指令，所以在屏幕上看不到程序执行的结果。我们可以采用调试程序 DEBUG 来进行检查，相关内容请参见实验二。

（注：执行的程序中应有显示提示和返回 DOS 功能，否则看不见执行结果或因不能返回 DOS 而死机。）

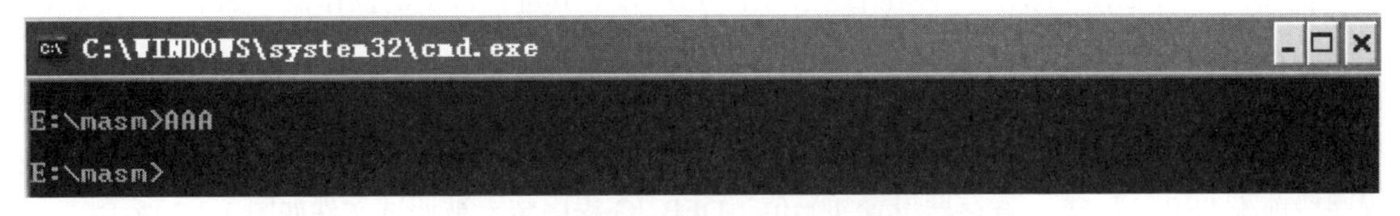

图 1.1.4　执行.EXE 文件

四、预习要求

（1）了解汇编语言源程序的建立过程；

（2）了解汇编程序的汇编、链接和执行过程；

（3）掌握汇编语言源程序的建立和汇编程序的调试运行的基本指令。

实验二　DEBUG 命令及 8086 指令调试

一、实验目的

（1）熟练掌握常用的 DEBUG 调试命令；

（2）用 DEBUG 程序调试汇编指令，加深对指令功能的理解。

二、实验要求

本次实验的内容均在 DEBUG 下完成，实现数据的装入、修改、显示，汇编语言程序段的编辑、汇编和反汇编，以及程序的运行和结果检查。

三、实验内容

（一）DEBUG 的基本操作

1. 直接启动 DEBUG 程序

直接在 DOS 下键入 DEBUG，启动的方法是：

C:\>DEBUG

这时屏幕上会出现“-”提示符，等待键入 DEBUG 命令。启动方法如图 1.2.1 所示。

图 1.2.1　启动 DEBUG 程序

2. 启动 DEBUG 程序的同时装入被调试文件

命令格式如下：

C:\>DEBUG　[d:][PATH]filename[.EXT]

[d:][PATH]是被调试文件所在盘及其路径，filename 是被调试文件的文件名，[.EXT]是被调试文件的扩展名。

例如：AAA.EXE 可执行文件在 D 盘，用 DEBUG 对其进行调试的操作命令如下：

C:\>DEBUG　A:\BCDSUN.EXE

DOS 在调用 DEBUG 程序后，再由 DEBUG 把被调试文件装入内存。当被调试文件的扩展名为 COM 时，装入偏移量为 100H 的位置。当扩展名为 EXE 时，装入偏移量为 0 的位置，并建立程序段前缀 PSP，为 CPU 寄存器设置初始值。DEBUG 程序装入被调试文件如图 1.2.2 所示。

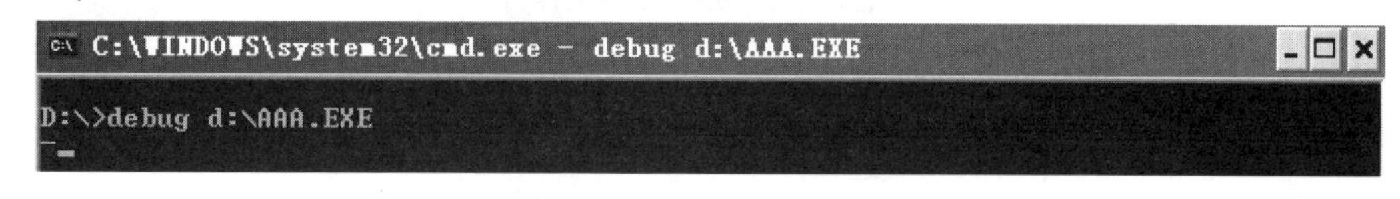

图 1.2.2　DEBUG 调试程序

3. 退出 DEBUG

在 DEBUG 命令提示符“-”下键入 Q 命令，即可结束 DEBUG 的运行，返回 DOS 操作系统，如图 1.2.3 所示。

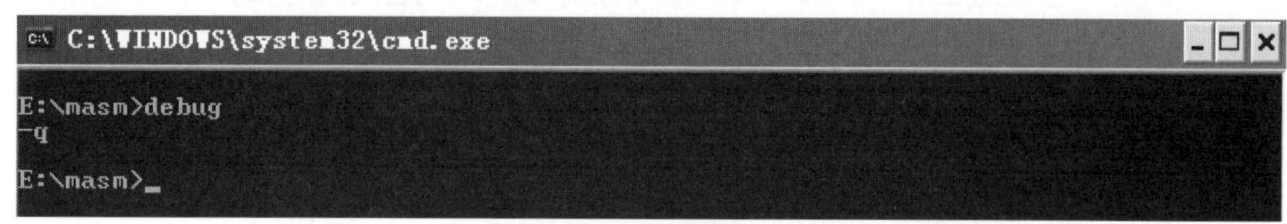

图 1.2.3　退出 DEBUG

4. 在 DEBUG 环境下建立和汇编程序

在 DEBUG 环境下用户可以直接建立汇编语言源程序，并可以进行编辑修改，还可以进行汇编。

比如，在 DEBUG 下运行如下程序：

```
MOV   DL,33H            ；字符 3 的 ASCII 码送到 DL
MOV   AH,2              ；使用 DOS 的 2 号功能调用
INT   21H               ；进入功能调用，输出‘3’
INT   20H               ；BIOS 中断服务，程序正常结束
```

该程序运行结果是在显示器上输出一个字符‘3’。如果要输出其他字符，请改变程序中“33H”为相应字符的 ASCII 码。其中涉及 DOS 和 BIOS 功能调用。因为我们是在 DOS 的支持下运行汇编语言程序，所以一般情况下，不能轻易使用输入/输出指令直接通过端口输入/输出，而必须使用 DOS 内部提供的子程序完成输入/输出。

DOS 功能调用就是为诸如此类的目的设置的。DOS 功能调用要求在进入 INT 21H 调用前，首先将功能调用号送到 AH 寄存器，并根据功能调用号准备初始数据。也就是说 INT 21H 的 2 号功能调用是输出 DL 寄存器中的字符。INT 20H 是 BIOS 中断服务，这一软中断用来正常结束程序。

运行步骤：

（1）进入 DEBUG。

设 C 盘中有 DEBUG.COM 程序，进入 DOS 环境后键入“DEBUG↙”，即：

C:\>DEBUG

随后屏幕显示“-”，如图 1.2.4 所示。

图 1.2.4　进入 DEBUG

“-”是进入 DEBUG 的提示符，在该提示符下可键入任意 DEBUG 命令。现在用 A 命令输入程序。

（2）输入程序并汇编。

```
-A   100
169C：0100   MOV   DL，33
169C：0102   MOV   AH，2
169C：0104   INT   21
169C：0106   INT   20
169C：0108
```

至此程序已输入完毕，并汇编成机器指令，如图 1.2.5 所示。

图 1.2.5　DEBUG 下输入程序

（3）运行程序。

现在用 G 命令运行程序，如图 1.2.6 所示。

```
-G
3
Program terminated normally
```

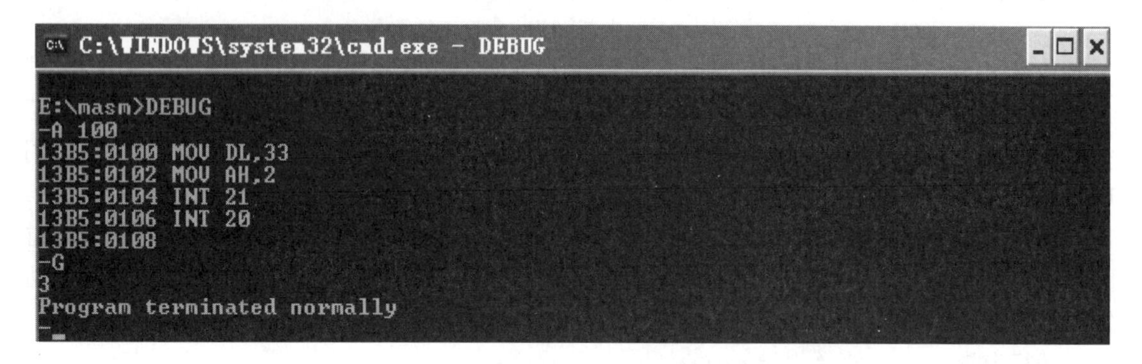

图 1.2.6　DEBUG 下运行程序

（4）反汇编。

如果想分析一下该程序的指令，可以用反汇编命令 U 进行操作，如图 1.2.7 所示。

```
-U  100，108
169C：0100    B233     MOV    DL，33
169C：0102    B402     MOV    AH，02
169C：0104    CD21     INT    21
169C：0106    CD20     INT    20
169C：0108
```

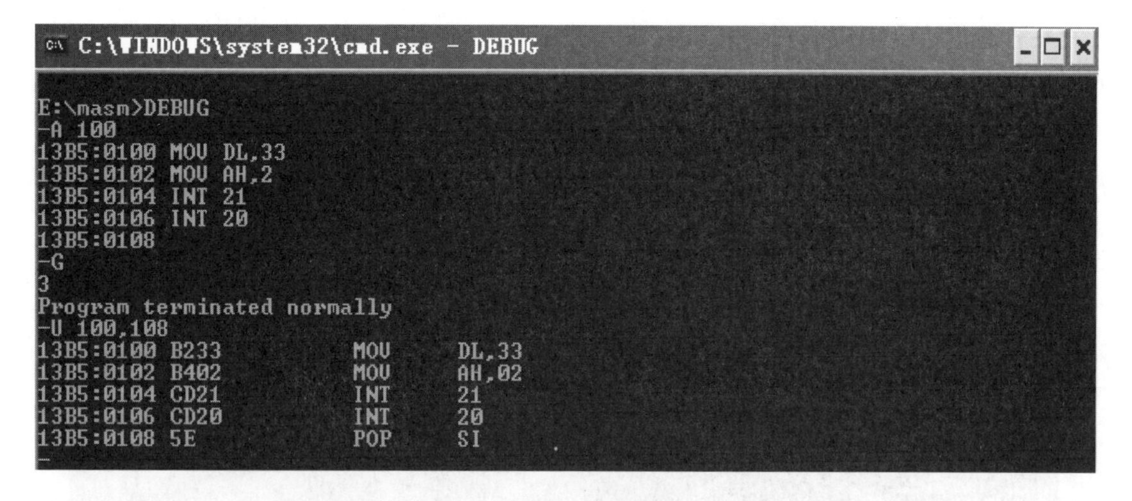

图 1.2.7　反汇编指令 U

（5）将机器指令程序送到起始地址为 200H 的若干单元，如图 1.2.8 所示。

```
-E  200  B2，33，B4，02，CD，21，CD，20
```

```
C:\WINDOWS\system32\cmd.exe - DEBUG
E:\masm>DEBUG
-A 100
13B5:0100 MOV DL,33
13B5:0102 MOV AH,2
13B5:0104 INT 21
13B5:0106 INT 20
13B5:0108
-G
3
Program terminated normally
-U 100,108
13B5:0100 B233          MOV     DL,33
13B5:0102 B402          MOV     AH,02
13B5:0104 CD21          INT     21
13B5:0106 CD20          INT     20
13B5:0108 5E            POP     SI
-E 200 B2,33,B4,02,CD,21,CD,20
-U 200,208
13B5:0200 B233          MOV     DL,33
13B5:0202 B402          MOV     AH,02
13B5:0204 CD21          INT     21
13B5:0206 CD20          INT     20
13B5:0208 1B8D46D4      SBB     CX,[DI+D446]
-
```

图 1.2.8　修改内存单元命令 E

（6）执行机器指令程序，如图 1.2.9 所示。

-G=200

3

Program terminated normally

```
-E 200 B2,33,B4,02,CD,21,CD,20
-U 200,208
13B5:0200 B233          MOV     DL,33
13B5:0202 B402          MOV     AH,02
13B5:0204 CD21          INT     21
13B5:0206 CD20          INT     20
13B5:0208 1B8D46D4      SBB     CX,[DI+D446]
-G=200
3
Program terminated normally
-
```

图 1.2.9　指定地址执行指令程序

（二）常用 DEBUG 命令

DEBUG 命令是在命令提示符“-”下由键盘键入的。每条命令以单个字母的命令符开头，然后是命令的操作参数。操作参数与操作参数之间，用空格或逗号隔开；操作参数与命令符之间，用空格隔开。命令的结束符是回车键（<Enter>）。命令及参数的输入可以是大小写的结合。<Ctrl>+<Break>键可终止命令的执行。<Ctrl>+<NumLock>键可暂停屏幕卷动，按任意键继续。所用的操作数均为十六进制数，不必写 H。

1. 汇编命令 A

（1）格式：

① A　<段寄存器名>：<偏移地址>

例如：在段地址为 DS、偏移地址为 100 处输入汇编语言指令，如图 1.2.10 所示。

图 1.2.10　在 DS:100 输入汇编语言指令

② A　<段地址>：<偏移地址>

例如：在段地址为 13B5、偏移地址为 100 处输入汇编语言指令，如图 1.2.11 所示。

图 1.2.11　在 13B5:100 输入汇编语言指令

③ A　<偏移地址>

例如：在段地址为 CS、偏移地址为 100 处输入汇编语言指令，如图 1.2.12 所示。

图 1.2.12　在 CS:200 输入汇编语言指令

④ A

例如：在段地址为 CS、偏移地址为 100 处输入汇编语言指令，如图 1.2.13 所示。

图 1.2.13　在 CS:100 输入汇编语言指令

（2）功能：

汇编命令的功能是将用户输入的汇编语言指令，汇编为可执行的机器指令。键入该命令后显示段地址和偏移地址并等待用户从键盘逐条键入汇编语言指令。每当输入一行语句后按<Enter>键，输入的语句有效。若输入的语句中有错，DEBUG 会显示“^ Error”，要求用户重新输入，直到显示下一地址时用户直接键入回车键返回到提示符“-”。

其中，命令①用指定段寄存器内容作为段地址，命令③用 CS 内容作为段地址，命令④以 CS:100 作为地址。以后命令中提及的各种“地址”形式，均指①、②、③中 A 命令后的地址形式。

2. 显示内存单元命令 D

（1）格式：

① D　<地址>

例如：显示指定地址的内存单元的内容，如图 1.2.14 所示。

```
C:\WINDOWS\system32\cmd.exe - DEBUG

E:\masm>DEBUG
-D 100
13B5:0100  B2 33 B4 02 CD 21 CD 20-5E BA 2B C9 03 C1 13 D3   .3...!. ^.+.....
13B5:0110  03 C1 81 D2 96 00 52 50-E8 2F 4A 83 34 00 A4 13   ......RP./J.4...
13B5:0120  BA D1 E3 D1 E3 8B 36 5A-40 8B 00 8B 50 02 89 46   ......6Z@...P..F
13B5:0130  B6 89 56 B8 B1 04 D1 FA-D1 D8 FE C9 75 F8 01 46   ..V.........u..F
13B5:0140  F4 8B 46 B6 25 0F 00 01-46 F6 83 7E F6 0F 76 08   ..F.%...F..~..v.
13B5:0150  81 66 F6 0F 00 FF 46 F4-FF 46 BA 8B 46 CC 39 46   .f....F..F..F.9F
13B5:0160  BA 77 5B 8B 5E BA 8B 3E-30 43 8A 46 BE 38 01 75   .w[.^..>0C.F.8.u
13B5:0170  E7 8B F3 D1 E6 8B 1E E4-3E 8B 00 B1 04 D3 E8 8B   ........>.......
-
```

图 1.2.14　显示指定地址的内存单元的内容

② D　<地址范围>

例如：显示指定范围的内存单元的内容，如图 1.2.15 所示。

```
C:\WINDOWS\system32\cmd.exe - DEBUG

E:\masm>DEBUG
-D 100 108
13B5:0100  B2 33 B4 02 CD 21 CD 20-5E                        .3...!. ^
-
```

图 1.2.15　显示指定范围的内存单元的内容

③ D

例如：显示以 CS:100 为起始地址的内存单元的内容，如图 1.2.16 所示。

```
C:\WINDOWS\system32\cmd.exe - DEBUG

E:\masm>DEBUG
-D
13B5:0100  B2 33 B4 02 CD 21 CD 20-5E BA 2B C9 03 C1 13 D3   .3...!. ^.+.....
13B5:0110  03 C1 81 D2 96 00 52 50-E8 2F 4A 83 34 00 A4 13   ......RP./J.4...
13B5:0120  BA D1 E3 D1 E3 8B 36 5A-40 8B 00 8B 50 02 89 46   ......6Z@...P..F
13B5:0130  B6 89 56 B8 B1 04 D1 FA-D1 D8 FE C9 75 F8 01 46   ..V.........u..F
13B5:0140  F4 8B 46 B6 25 0F 00 01-46 F6 83 7E F6 0F 76 08   ..F.%...F..~..v.
13B5:0150  81 66 F6 0F 00 FF 46 F4-FF 46 BA 8B 46 CC 39 46   .f....F..F..F.9F
13B5:0160  BA 77 5B 8B 5E BA 8B 3E-30 43 8A 46 BE 38 01 75   .w[.^..>0C.F.8.u
13B5:0170  E7 8B F3 D1 E6 8B 1E E4-3E 8B 00 B1 04 D3 E8 8B   ........>.......
-
```

图 1.2.16　显示 CS:100 为起始地址的内存单元的内容

其中，命令① 以 CS 为段寄存器，命令③ 显示以 CS:100 为起始地址的一片内存单元内容。

（2）功能：

该命令将显示一片内存单元的内容。左边显示行首字节的“段地址：偏移地址”，中间是以十六进制形式显示的指定范围的内存单元内容，右边是与十六进制数相对应字节的 ASCII 码字符。对于不可见字符，以“.”代替。

3. 修改内存单元命令 E

（1）格式：

① E　<地址><单元内容>

例如：修改从 3000:0100 开始连续 4 个内存单元的内容，将内存单元 3000:0100，3000:0101，3000:0102，3000:0103 的内容分别修改为 12，34，56，78，如图 1.2.17 所示。

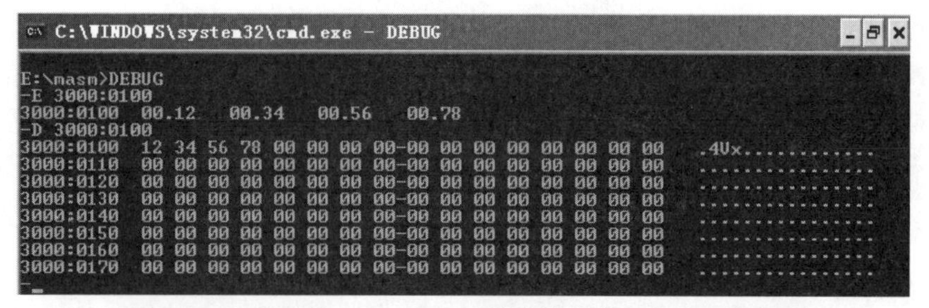

图 1.2.17　修改从 3000:0100 开始连续 4 个内存单元的内容

② E　<地址><单元内容表>

例如：-E　DS:30　F8,AB, "AB"

该命令执行后，从 DS:30 到 DS:33 的连续 4 个存储单元底内容将被修改为 F8H，ABH，41H，42H，如图 1.2.18 所示。

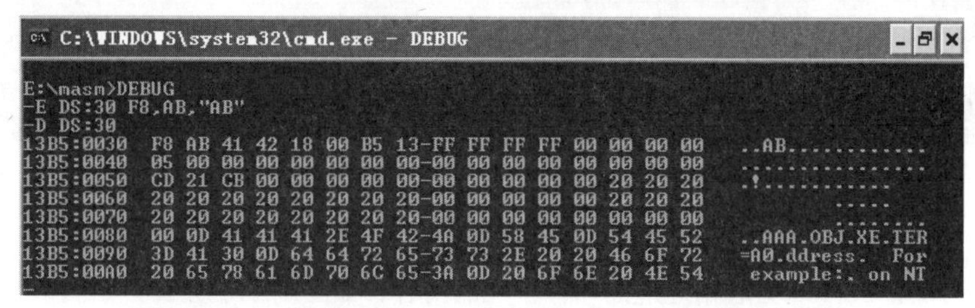

图 1.2.18　　修改 DS:30 到 DS:33 连续 4 个内存单元的内容

其中，<单元内容>是一个十六进制数，或是用引号（单引号或双引号）括起来的字符串；<单元内容表>是以逗号分隔的十六进制数，或是用引号括起来的字符串，或者是二者的组合。

（2）功能：

① 将指定内容写入指定单元后显示下一地址，以代替原来内容。可连续键入修改内容，直到新地址出现后键入回车<Enter>为止。

② 将<单元内容表>逐一写入由<地址>开始的一片单元中。该功能可以将从指定地址开始的连续内存单元中的内容，修改为单元内容表中的内容。

4. 填充内存命令 F

（1）格式：F　<范围><单元内容表>

（2）功能：将单元内容表中的值逐个填入指定范围，单元内容表中内容用完后重复使用。

例如：F　05BC:200　L　10　B2, 'XYZ', 3C

该命令将由地址 05BC:200 开始的 10H（16）个存储单元顺序填充“B2，58，59，5A，3C，B2，58，59，5A，3C，B2，58，59，5A，3C，B2”，如图 1.2.19 所示。

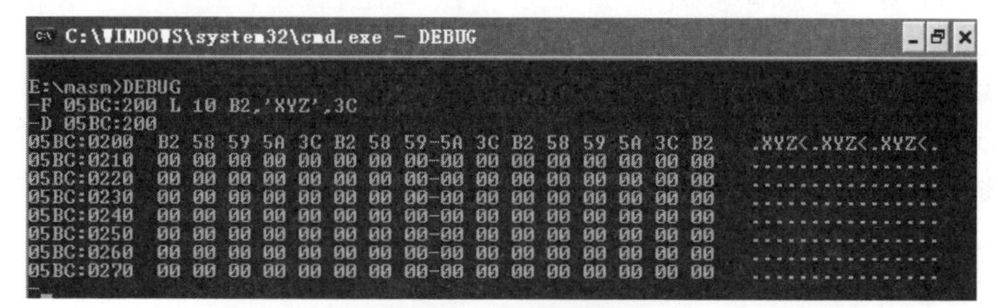

图 1.2.19　填充内存单元

5. 连续执行命令 G

（1）格式:

① G

例如：从 CS:IP 开始执行汇编程序，如图 1.2.20 所示。

图 1.2.20 从 CS:IP 开始执行汇编程序

② G=<地址>

例如：从指定地址开始执行汇编程序，如图 1.2.21 所示。

图 1.2.21 从指定地址开始执行程序

③ G=<地址>，<断点>

其中②、③中的“=”是不可缺省的。

（2）功能:

① 默认程序从 CS:IP 开始执行。

② 程序从当前的指定偏移地址开始执行。

③ 从指定地址开始执行，到断点自动停止并显示当前所有寄存器、状态标志位的内容和下一条要执行的指令。DEBUG 调试程序最多允许设置 10 个断点。

6. 跟踪命令 T

（1）格式：T [=<地址>][<条数>]

（2）功能：如果键入 T 命令后直接按<Enter>键，则默认从 CS:IP 开始执行程序，且每执行一条指令后要停下来，显示所有寄存器、状态标志位的内容和下一条要执行的指令。用户也可以指定程序开始执行的起始地址。<条数>的缺省值是一条，也可以由<条数>指定执行若干条命令后停下来。

例如：执行由 A 汇编的一条汇编指令，如图 1.2.22 所示。

```
C:\WINDOWS\system32\cmd.exe - DEBUG
E:\masm>DEBUG
-A 100
13B5:0100 MOV DL,33
13B5:0102 MOV AH,2
13B5:0104 INT 21
13B5:0106 INT 20
13B5:0108
-T

AX=0000  BX=0000  CX=0000  DX=0033  SP=FFEE  BP=0000  SI=0000  DI=0000
DS=13B5  ES=13B5  SS=13B5  CS=13B5  IP=0102   NV UP EI PL NZ NA PO NC
13B5:0102 B402          MOV     AH,02
-
```

图 1.2.22　执行一条汇编指令

该命令执行当前指令并显示所有寄存器、状态标志位的内容和下一条要执行的指令。

又如：

T　2

该命令从当前指令开始执行 2H 条指令后停下来，显示所有寄存器、状态标志位的内容和下一条要执行的指令，如图 1.2.23 所示。

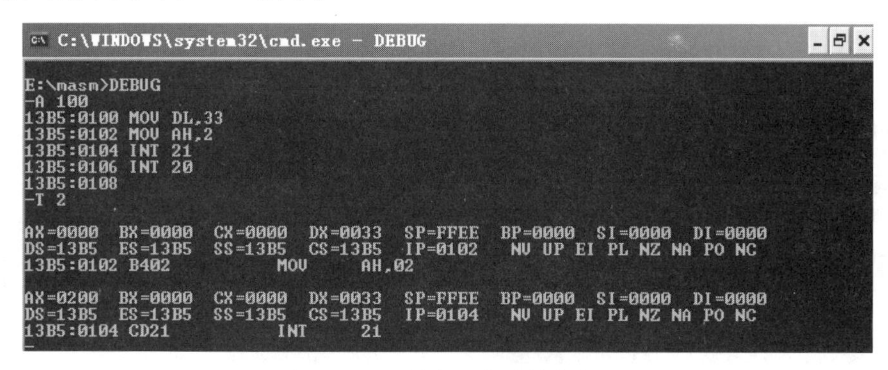

```
C:\WINDOWS\system32\cmd.exe - DEBUG
E:\masm>DEBUG
-A 100
13B5:0100 MOV DL,33
13B5:0102 MOV AH,2
13B5:0104 INT 21
13B5:0106 INT 20
13B5:0108
-T 2

AX=0000  BX=0000  CX=0000  DX=0033  SP=FFEE  BP=0000  SI=0000  DI=0000
DS=13B5  ES=13B5  SS=13B5  CS=13B5  IP=0102   NV UP EI PL NZ NA PO NC
13B5:0102 B402          MOV     AH,02

AX=0200  BX=0000  CX=0000  DX=0033  SP=FFEE  BP=0000  SI=0000  DI=0000
DS=13B5  ES=13B5  SS=13B5  CS=13B5  IP=0104   NV UP EI PL NZ NA PO NC
13B5:0104 CD21          INT     21
-
```

图 1.2.23　执行两条连续指令

7. 反汇编命令 U

（1）格式：

① U

例如：将缺省地址内的代码以汇编语句形式显示，如图 1.2.24 所示。

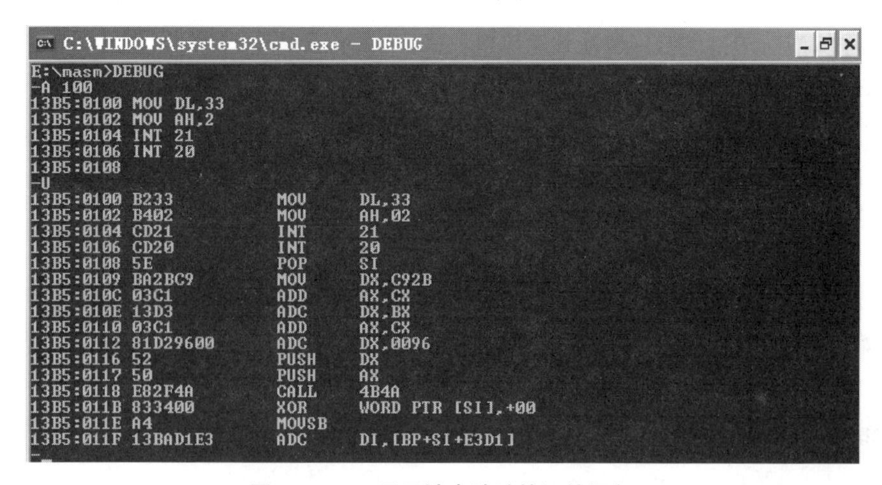

```
C:\WINDOWS\system32\cmd.exe - DEBUG
E:\masm>DEBUG
-A 100
13B5:0100 MOV DL,33
13B5:0102 MOV AH,2
13B5:0104 INT 21
13B5:0106 INT 20
13B5:0108
-U
13B5:0100 B233          MOV     DL,33
13B5:0102 B402          MOV     AH,02
13B5:0104 CD21          INT     21
13B5:0106 CD20          INT     20
13B5:0108 5E            POP     SI
13B5:0109 BA2BC9        MOV     DX,C92B
13B5:010C 03C1          ADD     AX,CX
13B5:010E 13D3          ADC     DX,BX
13B5:0110 03C1          ADD     AX,CX
13B5:0112 81D29600      ADC     DX,0096
13B5:0116 52            PUSH    DX
13B5:0117 50            PUSH    AX
13B5:0118 E82F4A        CALL    4B4A
13B5:011B 833400        XOR     WORD PTR [SI],+00
13B5:011E A4            MOVSB
13B5:011F 13BAD1E3      ADC     DI,[BP+SI+E3D1]
-
```

图 1.2.24　显示缺省地址的汇编语句

② U　<地址范围>

例如：将缺省地址范围内的代码以汇编语句形式显示，如图 1.2.25 所示。

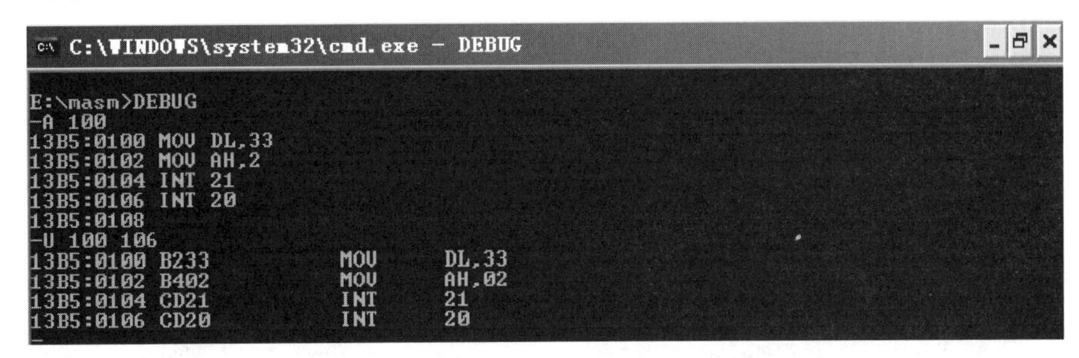

图 1.2.25　显示缺省地址范围内的汇编语句

（2）功能：

反汇编命令的功能是将机器指令翻译成符号形式的汇编语言指令。该命令将指定范围内的代码以汇编语句形式显示，同时显示地址及代码。注意：反汇编前一定要确认指令的起始地址，否则将得不到正确结果。地址及范围的缺省值是上次反汇编指令后下一地址的值，这样可以连续反汇编。

8. 内存单元搬家命令 M

（1）格式：M　<源地址范围><目标起始地址>

其中源地址及目标地址若仅输入偏移量，则隐含相对 DS。

（2）功能：把<源地址范围>中的内容顺序搬至<目标起始地址>起的一片连续单元。

例如：

　　M　CS:100　110　600

该命令把从 CS:100 起到 CS:110 止共 17 个字节搬至 DS:600 至 DS:610 的一片单元，如图 1.2.26 所示。

```
C:\WINDOWS\system32\cmd.exe - DEBUG

E:\>DEBUG
-M CS:100 110 600
-D CS:100
13B5:0100  44 41 54 41 20 53 45 47-4D 45 4E 54 20 0D 0A 53   DATA SEGMENT ..S
13B5:0110  55 4D 20 20 44 57 20 3F-3B B4 E6 B7 34 00 A4 13   UM  DW ?;...4...
13B5:0120  0D 0A 44 41 54 41 20 45-4E 44 53 20 0D 0A 43 4F   ..DATA ENDS ..CO
13B5:0130  44 45 20 53 45 47 4D 45-4E 54 20 0D 0A 41 53 53   DE SEGMENT ..ASS
13B5:0140  55 4D 45 20 43 53 3A 43-4F 44 45 2C 44 53 3A 44   UME CS:CODE,DS:D
13B5:0150  41 54 41 20 0D 0A 53 54-41 52 54 3A 20 4D 4F 56   ATA ..START: MOV
13B5:0160  20 41 58 2C 44 41 54 41-20 0D 0A 4D 4F 56 20 44    AX,DATA ..MOV D
13B5:0170  53 2C 41 58 20 0D 0A 4D-4F 56 20 41 58 2C 31 3B   S,AX ..MOV AX,1;
-D CS:600
13B5:0600  44 41 54 41 20 53 45 47-4D 45 4E 54 20 0D 0A 53   DATA SEGMENT ..S
13B5:0610  55 00 00 00 00 00 00 00-00 00 00 00 00 00 00 00   U...............
13B5:0620  00 00 00 00 00 00 00 00-00 00 00 00 00 00 00 00   ................
13B5:0630  00 00 00 00 00 00 00 00-00 00 00 00 00 00 00 00   ................
13B5:0640  00 00 00 00 00 00 00 00-00 00 00 00 00 00 00 00   ................
13B5:0650  00 00 00 00 00 00 00 00-00 00 00 00 00 00 00 00   ................
13B5:0660  00 00 00 00 00 00 00 00-00 00 00 00 00 00 00 00   ................
13B5:0670  00 00 00 00 00 00 00 00-00 00 00 00 00 00 00 00   ................
-
```

图 1.2.26　把从 CS:100 起到 CS:110 止的内容搬至 DS:600 至 DS:610

9. 显示命令 R

（1）格式：

① R

② R <寄存器名>

（2）功能：

键入命令①后将显示当前所有寄存器内容、状态标志及将要执行的下一指令的地址（即CS:IP）、机器指令代码及汇编语句形式，如图 1.2.27 所示。其中对状态标志寄存器 FLAG 以状态标志位的形式显示，详见表 1.2.1。

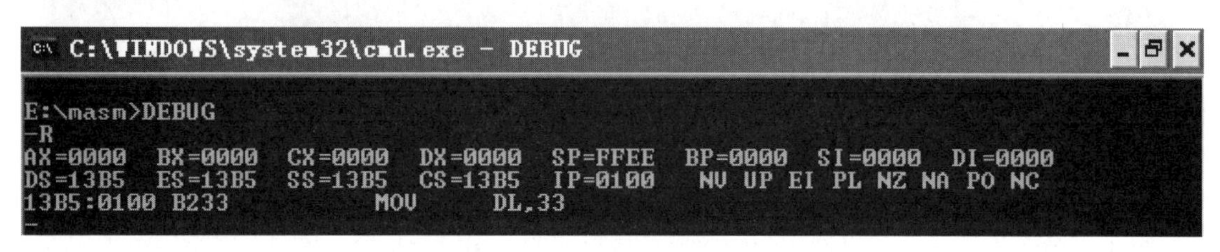

图 1.2.27　显示当前所有寄存器内容

表 1.2.1　状态标志显示形式

状态标志位	状　态	显示形式
溢出标志 OF	有/无	OV/NV
方向标志 DF	减/增	DN/UP
中断标志 IF	开/关	EI/DI
符号标志 SF	负/正	NG/PL
零标志 ZF	零/非零	ZR/NZ
奇偶标志 PF	偶/奇	PE/PO
进位标志 CF	有/无	CY/NC
辅助进位标志 AF	有/无	AC/NA

键入命令②后将显示指定寄存器名及其内容，“:”后可以键入修改内容。键入修改内容后按<Enter>键有效。若不需修改原来内容，直接按<Enter>键即可。

例如：

R　AX

该命令可修改 AX 的内容，如图 1.2.28 所示。

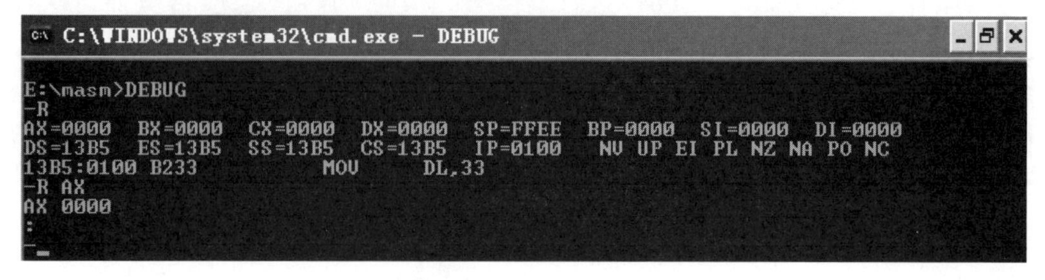

图 1.2.28　修改 AX 的内容

10. 十六进制算术运算指令 H

（1）格式：H <值 1><值 2>

（2）功能：求十六进制数<值 1>和<值 2>的和与差并显示结果。

例如：求十六进制 B3 与 C0 的和与差并显示，如图 1.2.29 所示。

图 1.2.29 十六进制 B3 与 C0 的和与差

11. 结束 DEBUG 返回 DOS 命令 Q

（1）格式：Q

（2）功能：返回 DOS 提示符下。

（三）8086 基本指令练习

（1）假设（DS）=3000H，（BX）=0100H，（SI）=0002H，（30100）=12H，（30101）=34H，（30102）=56H，（30103）=78H，（31200）=2AH，（31201）=4CH，（31202）=B7H，（31203）=65H。

下列每条指令执行后，AX 的内容为多少?

```
MOV    AX，3000H
MOV    AX，BX
MOV    AX，[1200H]
MOV    AX，[BX]
MOV    AX，1100[BX]
MOV    AX，[BX][SI]
MOV    AX，1100[BX][SI]
```

过程如图 1.2.30 所示。（注：DEBUG 程序中，所有数字均为十六进制数。）

```
-e 3000:0100 12 34 56 78
-e 3000:0100
3000:0100  12.    34.    56.    78.
-e 3000:1200
3000:1200  00.    00.    00.    00.
-e 3000:0100
3000:0100  12.    34.    56.    78.
-e 3000:1200 2a 4c b7 65
-e 3000:1200
3000:1200  2A.    4C.    B7.    65.
-a 4000:0100
4000:0100 mov ax,3000
4000:0103 mov ax,bx
4000:0105 mov ax,[1200]
4000:0108 mov ax,[bx]
4000:010A mov ax,1100[bx]
4000:010E mov ax,[bx][si]
4000:0110 mov ax,1100[bx][si]
4000:0114
-g 0100 0103 0105 0108 010a 010e 0110 0114

AX=1234  BX=0000  CX=0000  DX=0000  SP=FFEE  BP=0000  SI=0000  DI=0000
DS=13AA  ES=13AA  SS=13AA  CS=13AA  IP=0108   NV UP EI PL NZ NA PE NC
13AA:0108 0000          ADD     [BX+SI],AL                          DS:0000=35
-
```

图 1.2.30 AX 内容

（2）用 DEBUG 分析下列调整指令执行前和执行后的执行结果。

```
① MOV   AL,38H
  MOV   BL,19H
  ADD   AL,BL; AL=___H, AF=___, CF=___
  DAA         ; AL=___H, AF=___, CF=___

② MOV   AL,71H
  MOV   BL,93H
  ADD   AL,BL ; AL=___H, AF=___, CF=___
  DAA         ; AL=___H, AF=___, CF=___

③ MOV   AH,00H
  MOV   AL,05H
  MOV   BL,09 H
  ADD   AL,BL; AL=___H, AF=___, CF=___
  AAA         ; AX=___H

④ MOV   AH,00H?
  MOV   AL,35H
  MOV   BL,39H
  ADD   AL,BL  ; AL=___H, AF=___, CF=___
  AAA          ; AX=___H

⑤ MOV   AL,06H
  MOV   BL,09H
  MUL   BL    ; AX=___H
  AAM         ; AX=___H

⑥ MOV   AX,0308H
  MOV   BL,9
  AAD          ; AX=___H
  DIV   BL     ; AH=___H, AL=___H

⑦ MOV   AX，000AH
  MOV   CL，06H
  MUL   CL     ; AH=___H, AL=___H
               ; OF=___, CF=___

⑧ MOV   AX,0FFF3H
  MOV   BL,03H
  IDIV  BL     ; AH=___H, AL=___H
               ; OF=___, CF=___

⑨ CLC
  MOV   AL 57H
  ROL   AL,01H ; AL=___H, CF=___
  RCL   AL,01H ; AL=___H, CF=___

⑩ CLC
  MOV   AL,FAH
  SAR   AL,1   ; AL=___H, CF=___
  SHR   AL,1   ; AL=___H, CF=___
```

（3）利用 DEBUG 程序中的“E”命令，将两个多字节数“12345678H”和“9ABCDEF0H”分别送入起始地址为 DS:0200H 和 DS:0204H 的两个单元中。

（1）在 DEBUG 中用“E”命令修改内存单元内容。

```
-E DS:0200 78 56 34 12 F0 DE BC 9A
```

（2）在 DEBUG 中用“D”命令观察 DS：0200H 至 DS：020BH 字节单元的内容。

（4）分别用直接寻址方式和寄存器间接寻址方式编写程序段，实现将 DS：0200H 单元和 DS：0204H 单元的数据相加，并将运算结果存放在 DS：0208H 单元中。

（注意：在此处，请先用 Q 命令退出 DEBUG，然后再重新进入。）

（5）在程序执行前，用“R”命令观察相关寄存器的内容。

```
-R ↙
```

如：（AX）=_____，（BX）=______，（CS）=_____，（IP）=______。

（6）用“A”命令编辑和汇编程序。

```
-A↙
126C：0100    MOV    AX，   [0200] ↙
126C：0103    MOV    BX，   [0202] ↙
126C：0107    ADD    AX，   [0204] ↙
126C：010B    ADC    BX，   [0206] ↙
126C：010F    MOV    [0208]，   AX ↙
126C：0112    MOV    [020A]，   BX ↙
126C：0116    HLT ↙
126C：0117 ↙
-
```

（注意：DEBUG 约定在其命令或源程序中所涉及的数据均被看作十六进制数，其后不用“H”说明。）

7. 用“T”单步操作命令对源程序逐条执行，全部执行完后观察 AX、BX、CS、IP 寄存器内容的变化，并与预计的结果比较。

（AX）=_____，（BX）=_____，（CS）=_____，（IP）=_______。

8. 用“D”命令观察 DS：0208H 至 DS：020BH 字节单元的内容。

（DS：0208H）=________，（DS：0209H）=________，

（DS：020AH）=________，（DS：020BH）=________。

四、预习要求

（1）熟悉汇编语言源程序的基本指令；

（2）了解 DEBUG 的基本常用指令。

实验三　顺序结构程序

一、实验目的

（1）掌握数据传送和算术运算指令的用法；

（2）熟悉在 PC 机上建立、汇编、链接、调试和运行 8088 汇编语言程序的过程。

二、实验要求

（1）设有三个数 X，Y，Z；

（2）要求完成计算表达式（$X+Y$）－（$Y+Z$）；

（3）将表达式的值计算出来后放入 BX 中，并用 T 指令观察运行结果。

三、程序框图

顺序结构程序框图如图 1.3.1 所示。

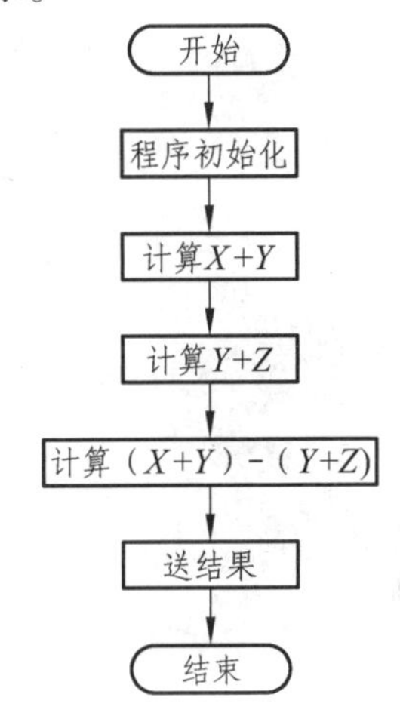

图 1.3.1　顺序结构程序框图

四、参考程序

```
        CODE    SEGMENT
                ASSUME   CS:CODE
START:
        MOV     BX,166
        MOV     AX,55
        MOV     CX,44
        ADD     BX,AX                   ;166+55 存于 BX 中
        ADD     AX,CX                   ;55+44 存于 AX 中
        SUB     BX,AX                   ;结果存于 BX 中
        MOV     AH,4CH
        INT     21H
        CODE    ENDS
        END     START
```

五、程序调试

程序调试过程如图 1.3.2 所示。

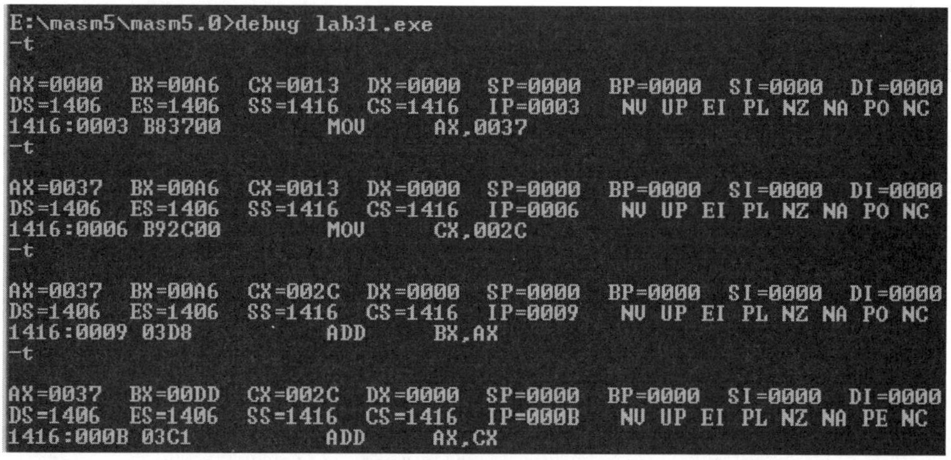

```
E:\masm5\masm5.0>debug lab31.exe
-t

AX=0000  BX=00A6  CX=0013  DX=0000  SP=0000  BP=0000  SI=0000  DI=0000
DS=1406  ES=1406  SS=1416  CS=1416  IP=0003   NV UP EI PL NZ NA PO NC
1416:0003 B83700        MOV     AX,0037
-t

AX=0037  BX=00A6  CX=0013  DX=0000  SP=0000  BP=0000  SI=0000  DI=0000
DS=1406  ES=1406  SS=1416  CS=1416  IP=0006   NV UP EI PL NZ NA PO NC
1416:0006 B92C00        MOV     CX,002C
-t

AX=0037  BX=00A6  CX=002C  DX=0000  SP=0000  BP=0000  SI=0000  DI=0000
DS=1406  ES=1406  SS=1416  CS=1416  IP=0009   NV UP EI PL NZ NA PO NC
1416:0009 03D8          ADD     BX,AX
-t

AX=0037  BX=00DD  CX=002C  DX=0000  SP=0000  BP=0000  SI=0000  DI=0000
DS=1406  ES=1406  SS=1416  CS=1416  IP=000B   NV UP EI PL NZ NA PE NC
1416:000B 03C1          ADD     AX,CX
```

(a)

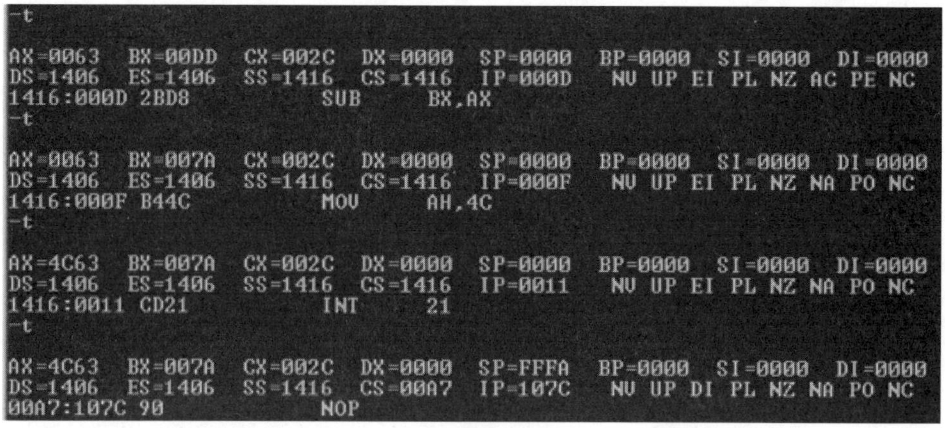

```
-t

AX=0063  BX=00DD  CX=002C  DX=0000  SP=0000  BP=0000  SI=0000  DI=0000
DS=1406  ES=1406  SS=1416  CS=1416  IP=000D   NV UP EI PL NZ AC PE NC
1416:000D 2BD8          SUB     BX,AX
-t

AX=0063  BX=007A  CX=002C  DX=0000  SP=0000  BP=0000  SI=0000  DI=0000
DS=1406  ES=1406  SS=1416  CS=1416  IP=000F   NV UP EI PL NZ NA PO NC
1416:000F B44C          MOV     AH,4C
-t

AX=4C63  BX=007A  CX=002C  DX=0000  SP=0000  BP=0000  SI=0000  DI=0000
DS=1406  ES=1406  SS=1416  CS=1416  IP=0011   NV UP EI PL NZ NA PO NC
1416:0011 CD21          INT     21
-t

AX=4C63  BX=007A  CX=002C  DX=0000  SP=FFFA  BP=0000  SI=0000  DI=0000
DS=1406  ES=1406  SS=1416  CS=00A7  IP=107C   NV UP DI PL NZ NA PO NC
00A7:107C 90            NOP
```

(b)

图 1.3.2　程序调试

六、预习要求

（1）掌握数据传送指令、算术运算指令的用法；
（2）复习汇编语言程序的建立、汇编、链接、调试和运行的过程。

实验四　分支结构程序

一、实验目的

（1）掌握分支结构程序的设计方法；
（2）掌握无符号数和带符号数比较大小转移指令的区别。

二、实验要求

（1）在数据区中定义三个带符号字节变量；
（2）编写程序，将其中的最大数找出并送到 MAX 单元中。

三、程序框图

分支结构程序框图如图 1.4.1 所示。

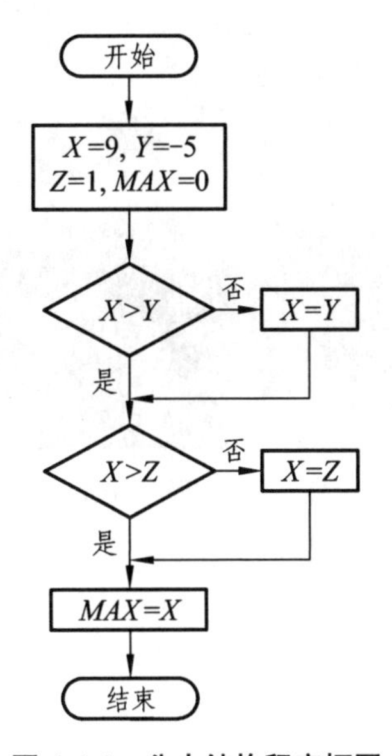

图 1.4.1　分支结构程序框图

四、参考程序

```
DATA    SEGMENT
X       DW    9
Y       DW    -5
Z       DW    1
MAX     DW    0
```

```
        DATA    ENDS
        CODE    SEGMENT
                ASSUME  CS:CODE,DS:DATA
START:  MOV     AX,DATA
        MOV     DS,AX
        MOV     AX,X
        MOV     BX,Y
        MOV     CX,Z
        CMP     AX,BX
        JGE     NEXT
        MOV     AX,BX
NEXT:   CMP     AX,CX
        JGE     NEXT2
        MOV     AX,CX
NEXT2:  MOV     MAX,AX
        MOV     AH,4CH
        INT     21H
        CODE    ENDS
        END     START
```

五、程序调试

程序调试过程如图 1.4.2 所示。

```
E:\masm5\masm5.0>debug lab4.exe
-u
1417:0000 B81614        MOV     AX,1416
1417:0003 8ED8          MOV     DS,AX
1417:0005 A10000        MOV     AX,[0000]
1417:0008 8B1E0200      MOV     BX,[0002]
1417:000C 8B0E0400      MOV     CX,[0004]
1417:0010 3BC3          CMP     AX,BX
1417:0012 7D02          JGE     0016
1417:0014 8BC3          MOV     AX,BX
1417:0016 3BC1          CMP     AX,CX
1417:0018 7D02          JGE     001C
1417:001A 8BC1          MOV     AX,CX
1417:001C A30600        MOV     [0006],AX
1417:001F B44C          MOV     AH,4C
-g

Program terminated normally
-d 1416:0006
1416:0000                    09 00-00 00 00 00 00 00 00 00      ..........
```

图 1.4.2　程序调试

六、预习要求

（1）熟悉条件转移语句及其用法；

（2）了解分支结构程序的特点及其设计方法。

实验五　循环结构程序

一、实验目的

（1）掌握汇编语言中的循环语句；

（2）熟悉循环结构程序的设计与调试方法。

二、实验要求

用汇编语言编写程序求 1+2+3+…+100 的值。

三、程序框图

循环结构程序框图如图 1.5.1 所示。

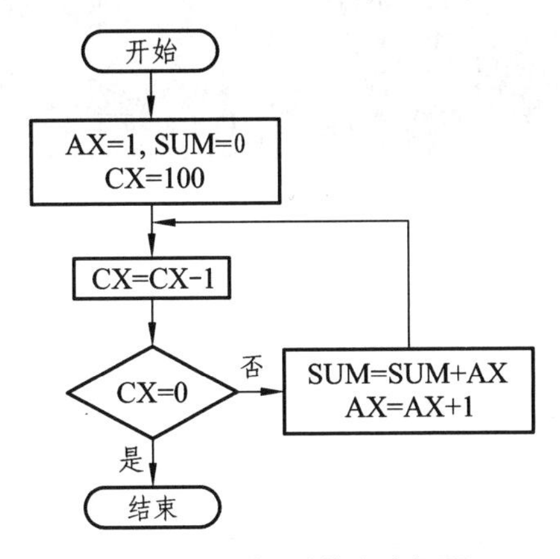

图 1.5.1　循环结构程序框图

四、参考程序

```
        DATA    SEGMENT
        SUM     DW ?                ;存放和
        DATA    ENDS
        CODE    SEGMENT
                ASSUME  CS:CODE,DS:DATA
START:  MOV     AX,DATA
        MOV     DS,AX
        MOV     AX,1                ;从 1 开始加
        MOV     SUM,0               ;和的初值赋 0
        MOV     CX,100              ;循环 100 次
NEXT:
        ADD     SUM,AX              ;每次向和中累加 AX
        INC     AX                  ;然后 AX 加 1
        LOOP    NEXT
        MOV     AX,4C00H            ;结束程序
        INT     21H
        CODE    ENDS
        END     START
        DATA    SEGMENT
        RESULT  DB 3 DUP(?)
        DATA    ENDS
```

五、程序调试

程序调试过程如图 1.5.2 所示。

```
E:\masm5\masm5.0>debug lab5.exe
-u
1417:0000 B81614        MOV     AX,1416
1417:0003 8ED8          MOV     DS,AX
1417:0005 B80100        MOV     AX,0001
1417:0008 C70600000000  MOV     WORD PTR [0000],0000
1417:000E B96400        MOV     CX,0064
1417:0011 01060000      ADD     [0000],AX
1417:0015 40            INC     AX
1417:0016 E2F9          LOOP    0011
1417:0018 B8004C        MOV     AX,4C00
1417:001B CD21          INT     21
1417:001D 04FF          ADD     AL,FF
1417:001F 7604          JBE     0025
-g

Program terminated normally
-d 1416:0000
1416:0000  BA 13 00 00 00 00 00 00-00 00 00 00 00 00 00 00   ................
```

图 1.5.2　程序调试

六、预习要求

（1）掌握循环结构程序的基本构成和基本指令；
（2）了解循环结构程序的设计方法。

实验六　子程序设计

一、实验目的

（1）掌握汇编语言中子程序的参数传递方法；
（2）熟悉子程序的设计与调试方法。

二、实验要求

（1）采用存储单元传递参数实现无符号数组的求和；
（2）利用堆栈，采用递归子程序方法编程实现求 $N!$；
（3）用键盘输入字符，调用显示子程序，显示字母、数字和其他字符的个数。

三、参考程序

1. 无符号数组的求和

```
DSEG    SEGMENT
ARRAY   DW     0,1,2,3,4,5,6,7,8,9
COUNT   EQU    ($-ARRAY)/2
SUM     DW     ?
DSEG    ENDS
SSEG    SEGMENT    STACK   'STACK'
DW      100   DUP(?)
SSEG    ENDS
CSEG    SEGMENT
```

```
            ASSUME    CS:CSEG,DS:DSEG,SS:SSEG
      MAIN  PROC   FAR
      PUSH  DS
      SUB   AX,AX
      PUSH  AX
      MOV   AX,DSEG
      MOV   DS,AX
      LEA   SI,ARRAY              ;入口参数 1 赋值
      MOV   CX,COUNT              ;入口参数 2 赋值
      CALL  SUM_W                 ;调用求和子程序
      MOV   SUM,AX                ;从出口参数取运算结果
      RET
      MAIN  ENDP
      SUM_W PROC    NEAR
      JCXZ  EXIT
      PUSH  CX                    ;以下两行，完成现场保护
      PUSH  SI
      XOR   AX,AX                 ;累加器清零
NEXT: ADD   AX,[SI]               ;通过地址引用，传递参数
      ADD   SI,2
      LOOP  NEXT
      POP   SI                    ;以下两行，完成现场恢复
      POP   CX
EXIT: RET
      SUM_W ENDP
      CSEG  ENDS
      END   MAIN
```

2. 编程实现求 N!

```
        DATA    SDEGMENT
        N       DB      5
        RESULT  DW      ?
        DATA    ENDS
        SSEG    SEGMENT     STACK   'STACK'
        DW      100 DUP(?)
        SSEG    ENDS
        CODE    SEGMENT
                ASSUME   CS:CODE,DS:DATA,SS:SSEG
START:  MOV     AX,DATA
        MOV     DS,AX
        MOV     AL,N
        CALL    FACT
        MOV     RESULT,AX           ;断点 1
        MOV     AH,4CH
        INT     21H
        FACT    PROC    NEAR
        CMP     AL,0
        JZ      RETU
        PUSH    AX
        DEC     AL
```

```
        CALL    FACT            ;递归调用
        POP     CX              ;断点 2
        MUL     CL
        RET
RETU:   MOV     AX,1
        RET
        FACT    ENDP
        CODE    ENDS
        END     START
```

3. 显示子程序

```
        CSEG    SEGMENT
                ASSUME  CS:CSEG
START:  MOV     BL,O            ;统计数字个数
        XOR     CH,CH           ;统计字母个数
        XOR     CL,CL           ;统计其他符号个数
BEGIN:  MOV     AH,1
        INT     21H
        CMP     AL,0DH          ;判断输入的是否是“回车符”
        JZ      EXIT            ;是“回车”，输入结束，转到 EXIT
        CMP     AL,'0'
        JB      OTHER           ;若<'0'，转到其他字符
        CMP     AL, '9'
        JA      NEXT            ;若>'9'，转到 NEXT
        INC     BL              ;数字个数加 1
        JMP     BEGIN           ;跳回 BEGIN，输入下一个
NEXT:   CMP     AL, 'A'
        JB      OTHER
        CMP     AL, 'Z'
        JA      OTHER
        INC     CH              ;字母个数加 1
        JMP     BEGIN
OTHER:  INC     CL              ;其他符号加 1
        JMP     BEGIN
EXIT:
        MOV     DL,BL
        CALL    DISP            ;显示数字个数，DISP 为显示子程序
        MOV     DL,CH
        CALL    DISP            ;显示字母个数
        MOV     DL,CL
        CALL    DISP            ;显示其他符号个数
        DISP    PROC    NEAR    ;显示子程序
        ADD     DL,30H
        MOV     AH,2
        INT     21H
        RET
        DISP    ENDP
        CSEG    ENDS
        END     START
```

四、预习要求

（1）熟悉汇编语言中子程序的参数传递方法；

（2）熟悉子程序的设计与调试方法；

（3）熟悉调用显示子程序的调试方法。

实验七　两个多位十进制数相加

一、实验目的

（1）学习数据传送和算术运算指令的用法；

（2）熟悉循环结构程序的编程方法和调试方法。

二、实验要求

将两个多位十进制数相加，要求被加数均以 ASCII 码形式按顺序存放在以 DATA1 和 DATA2 为首的 5 个内存单元中（低位在前），结果送回 DATA1 处。

三、程序框图

程序框图如图 1.7.1 所示。

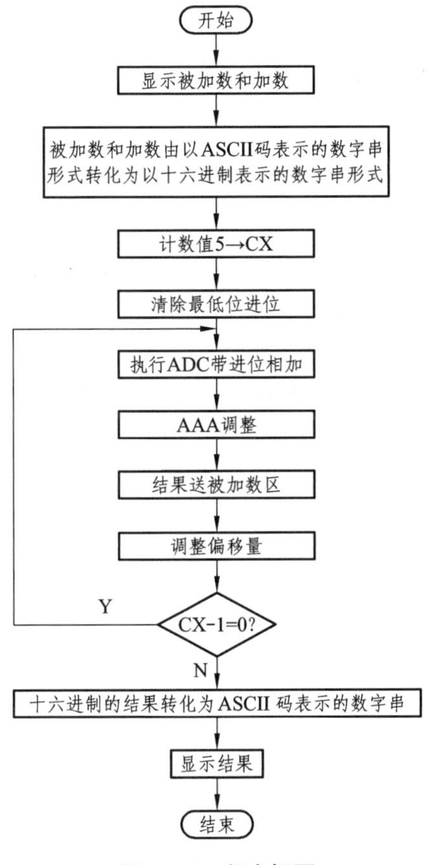

图 1.7.1　程序框图

四、参考程序

```
        DATA      SEGMENT
        DATA1     DB  33H,39H,31H,37H,34H    ;第一个数据(作为被加数)
        DATA2     DB  36H,35H,30H,38H,32H    ;第二个数据(作为加数)
        DATA      ENDS

        STACK     SEGMENT  STACK'STACK'      ;堆栈段
        STADB     32 DUP(?)
        TOP       EQU   LENGTH   STA
        STACK     ENDS

        CODE      SEGMENT
            ASSUME   CS:CODE, DS:DATA, ES:DATA, SS:STACK
START:  MOV       AX,DATA
        MOV       DS,AX
        MOV       AX,STACK
        MOV       SS,AX
        MOV       AX,TOP
        MOV       SP,AX

        MOV       SI,OFFSET   DATA2
        MOV       BX,05
        CALL      DISPL                      ;显示被加数
        CALL      CRLF                       ;回车、换行
        MOV       SI,OFFSET   DATA1
        MOV       BX,05                      ;显示加数
        CALL      DISPL
        CALL      CRLF                       ;回车、换行
        MOV       DI,OFFSET   DATA2
        CALL      ADDA                       ;加法运算
        MOV       SI,OFFSET   DATA1
        MOV       BX,05                      ;显示结果
        CALL      DISPL
        CALL      CRLF
        MOV       AX,4C00H
        INT       21H

        CRLF      PROC    NEAR               ;回车、换行子功能
        MOV       DL,0DH                     ;回车
        MOV       AH,02H
        INT       21H
        MOV       DL,0AH                     ;换行
        MOV       AH,02H
        INT       21H
```

```
        RET
        CRLF    ENDP

        DISPL   PROC    NEAR            ;显示子程序
DSL:    MOV     AH,02
        MOV     DL,[SI+BX-1]            ;显示字符串中一字符
        INT     21H
        DEC     BX                      ;修改偏移量
        JNZ     DSL
        RET
        DISPL   ENDP

        ADDA    PROC    NEAR
        MOV     DX,SI
        MOV     BP,DI
        MOV     BX,05
ADI:    SUB     BYTE PTR[SI+BX-1],30H
        SUB     BYTE PTR[DI+BX-1],30H
        DEC     BX                      ;将 ASCII 码表示的数字串转化为十六进制串
        JNZ     ADI
        MOV     SI,DX
        MOV     DI,BP
        MOV     CX,05                   ;包括进位,共 5 位
        CLC                             ;清进位位
AD2:    MOV     AL,[SI]
        MOV     BL,[DI]
        ADC     AL,BL                   ;带进位相加
        AAA                             ;非组合 BCD 码的加法调整
        MOV     [SI],AL                 ;结果送被加数区
        INC     SI
        INC     DI                      ;指向下一位
        LOOP    AD2                     ;循环
        MOV     SI,DX
        MOV     DI,BP
        MOV     BX,05H
AD3:    ADD     BYTE PTR [SI+BX-1],30H
        ADD     BYTE PTR [DI+BX-1],30H
        DEC     BX                      ;十六进制的数字串转化为 ASCII 码表示的
                                        ;数字串
        JNZ     AD3
        RET
        ADDA    ENDP

        CODE    ENDS
        END     START
```

五、程序调试

程序调试过程如图 1.7.2 所示。

```
E:\masm5\masm5.0>masm lab7.asm
Microsoft (R) Macro Assembler Version 5.00
Copyright (C) Microsoft Corp 1981-1985, 1987.  All rights reserved.

Object filename [lab7.OBJ]:
Source listing  [NUL.LST]:
Cross-reference [NUL.CRF]:

  50284 + 399124 Bytes symbol space free

      0 Warning Errors
      0 Severe  Errors

E:\masm5\masm5.0>link lab7.obj

Microsoft (R) Overlay Linker  Version 3.60
Copyright (C) Microsoft Corp 1983-1987.  All rights reserved.

Run File [LAB7.EXE]:
List File [NUL.MAP]:
Libraries [.LIB]:

E:\masm5\masm5.0>lab7
28056
47193
75249

E:\masm5\masm5.0>
```

图 1.7.2　程序调试

六、预习要求

（1）熟悉数据传送和算术运算指令的用法；

（2）熟悉循环结构程序的编程方法。

实验八　两个数相乘

一、实验目的

（1）掌握乘法指令的用法；

（2）熟练掌握循环程序的设计及调试方法。

二、实验要求

实现十进制数的乘法，被乘数和乘数均以 ASCII 码形式存放在内存中，乘积在屏幕上显示出来。

三、程序框图

程序框图如图 1.8.1 所示。

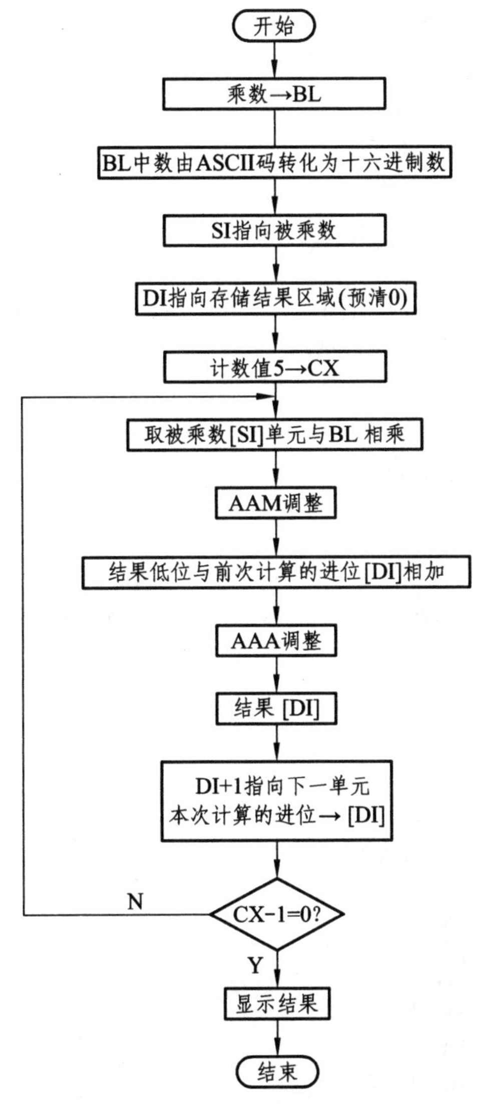

图 1.8.1 程序框图

四、参考程序

```
DATA      SEGMENT
DATA1     DB     32H, 39H, 30H, 35H, 34H
DATA2     DB     33H
RESULT    DB     6 DUP(00H)
DATA      ENDS

STACK     SEGMENT   STACK'STACK'
STA       DB     30 DUP(?)
TOP       EQU     LENGTH   STA
STACK     ENDS

CODE      SEGMENT
```

```
        ASSUME  CS:CODE, DS:DATA, SS:STACK, ES:DATA
START:  MOV     AX, DATA
        MOV     DS, AX
        MOV     AX, STACK
        MOV     SS, AX
        MOV     AX, TOP
        MOV     SP, AX
        MOV     SI, OFFSET DATA2
        MOV     BL,[SI]                 ;乘数 2→BL
        AND     BL,00001111B            ;屏蔽高 4 位,ASCII 码转换为十六进制数
        MOV     SI,OFFSET DATA1
        MOV     DI,OFFSET RESULT
        MOV     CX,05
LOOPl:  MOV     AL,[SI]
        AND     AL,00001111B            ;取被乘数，并将 ASCII 码转换为十六进制数
        INC     SI                      ;指向被乘数的下一个存储单元
        MUL     BL                      ;相乘
        AAM                             ;AAM 调整
        ADD     AL,[DI]                 ;结果低位与前次计算的进位相加
        AAA                             ;AAA 调整
        MOV     [DI],AL
        INC     DI
        MOV     [DI], AH                ;计算结果高位送存
        LOOP    LOOPl
        MOV     CX,06
        MOV     SI,OFFSET RESULT + 5
DISPL:  MOV     AH,02
        MOV     DL,[SI]
        ADD     DL,30H
        INT     21H
        DEC     SI
        LOOP    DISPL                   ;显示结果
        MOV     AX,4C00H
        INT     21H                     ;结束
        CODE    ENDS
        END     START
```

五、预习要求

（1）熟悉乘法指令的用法；

（2）熟悉 DOS 的基本功能调用语句。

实验九　二进制数转换为 BCD 码

一、实验目的

（1）熟悉数值的各种表示方法；

（2）掌握简单的数值转换的编程方法。

二、实验要求

将一个给定的二进制数转换成十进制（BCD）码。

三、程序框图

二进制数转换为 BCD 码实验程序框图如图 1.9.1 所示。

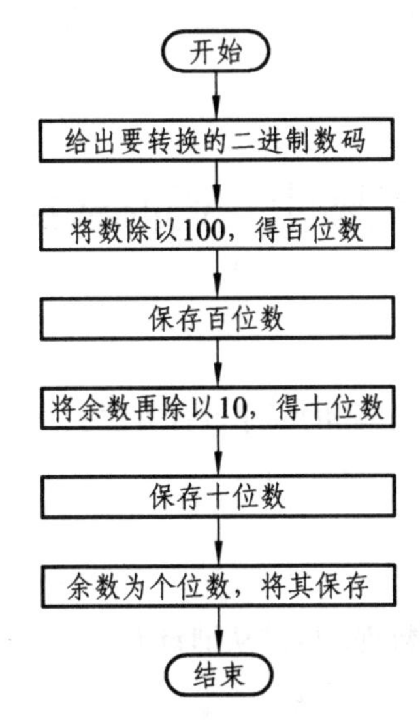

图 1.9.1　二进制数转换为 BCD 码实验程序框图

四、参考程序

将 AX 拆为 3 个 BCD 码，并存入 RESULT 开始的 3 个单元。

```
DATA      SEGMENT
RESULT    DB 3 DUP(?)
DATA      ENDS

CODE      SEGMENT
          ASSUME CS:CODE, DS:DATA

START     PROC      NEAR
MOV       AX, DATA
MOV       DS, AX
MOV       AX, 123
MOV       CL, 100
DIV       CL
MOV       RESULT, AL                  ；除以 100，得百位数
MOV       AL, AH
MOV       AH, 0
MOV       CL, 10
DIV       CL
MOV       RESULT+1, AL                ；余数除以 10，得十位数
```

```
        MOV     RESULT+2, AH        ; 余数为个位数
        JMP     $
CODE    ENDS
END     START
```

五、预习要求

（1）熟悉数值的各种表示方法；

（2）掌握简单的数值转换算法。

实验十　码制转换

一、实验目的

（1）掌握将 BCD 码转换为 ASCII 码的程序设计方法；

（2）了解如何将 ASCII 值转换成二进制值。

二、实验要求

将 ASCII 码数据转换成二进制数据。要求从键盘上输入十进制整数（假定范围为 0 ~ 32 767），然后转换成二进制格式存储。

三、程序框图

码制转换实验程序框图如图 1.10.1 所示。

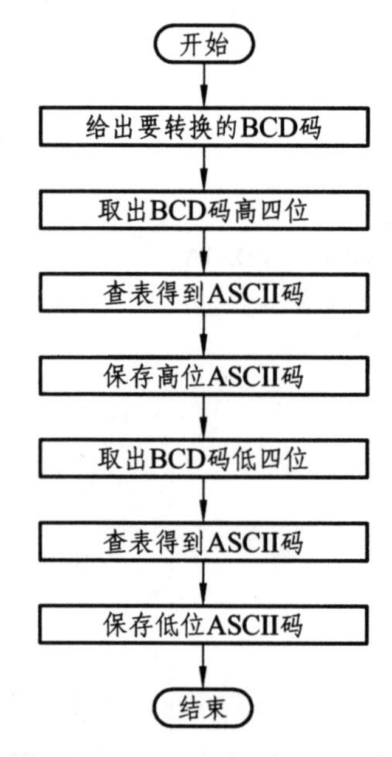

图 1.10.1　码制转换实验程序框图

四、参考程序

```
        DATA      SEGMENT
        STRING1   DB   'PLEASE INPUT A NUMBER(0 ~ 32767):$'
        STRING2   DB   'THE ASCII IS:$'
        STRING3   DB   'THE BINARY IS:$'
        DATA      ENDS

        CODE      SEGMENT
                  ASSUME   CS:CODE,DS:DATA
        MAIN      PROC   FAR
START:
        MOV     AX,DATA
        MOV     DS,AX
        MOV     DX,OFFSET STRING1
        MOV     AH,09H
        INT     21H
        CALL    CRLF
INPUT:
        MOV     AH,01H                  ;输入数据
        INT     21H
        CMP     AL,0DH
        JZ      NEXT
        SUB     AL,30H
        JL      INPUT
        CMP     AL,39H
        JG      INPUT
        CBW
        XCHG    AX,BX                   ;AX 为输入值，BX 保存结果，两个对调，为 MUL 作
                                        ;准备
        MOV     DX,10D                  ;将上一次结果乘 10
        MUL     DX
        XCHG    AX,BX                   ;AX 为本次输入的值，BX 为之前的结果
        ADD     BX,AX
        JMP     INPUT
NEXT:
        CALL    CRLF
        MOV     CL,4D
        MOV     CH,4D
        MOV     DX,OFFSET STRING2
        MOV     AH,09H
        INT     21H
        CALL    CRLF
LOOP0:
        ROL     BX,CL                   ;循环左移，将最高位存到 BL 的低四位
        MOV     AL,BL
        AND     AL,0FH
        ADD     AL,30H
        CMP     AL,3AH
        JL      OUTPUT
        ADD     AL,07H
OUTPUT:
```

```
          MOV     AH,02H
          MOV     DL,AL
          INT     21H
          DEC     CH
          JNZ     LOOP0
          CALL    CRLF
          MOV     DX,OFFSET STRING3
          MOV     AH,09H
          INT     21H
          CALL    CRLF
          MOV     CH,16D
          MOV     CL,1D
LOOP1:    ROL     BX,CL
          MOV     AL,BL
          AND     AL,01H
          ADD     AL,30H
          MOV     AH,02H
          MOV     DL,AL
          INT     21H
          DEC     CH
          JNZ     LOOP1
          MOV     AH,4CH
          INT     21H
          MAIN    ENDP
          OUTS    PROC   NEAR        ;字符串输出子程序
          MOV     AH,09H
          INT     21H
          RET
          OUTS    ENDP
          CRLF    PROC    NEAR       ;回车换行子程序
          MOV     AH,02H             ;回车
          INT     21H
          MOV     DL,0AH             ;换行
          INT     21H
          RET
          CRLF    ENDP
          CODE    ENDS
          END     START
```

五、预习要求

（1）了解常用 ASCII 码的表示方法；

（2）掌握 BCD 码转换为 ASCII 码的算法。

实验十一　数据排序

一、实验目的

熟悉数据排序的编程方法。

二、实验要求

给出一组随机数，然后将此组数据排序，使之成为有序数列。

三、实验说明

有序的数列更有利于查找。本程序采用的是“冒泡排序”法，其算法是将一个数与后面的数相比较，如果比后面的数大，则交换。如此将所有的数比较一遍后，最大的数就会在数列的最后面。再进行下一轮比较，找出第二大的数据，直到全部数据有序。

四、程序框图

数据排序程序框图如图 1.11.1 所示。

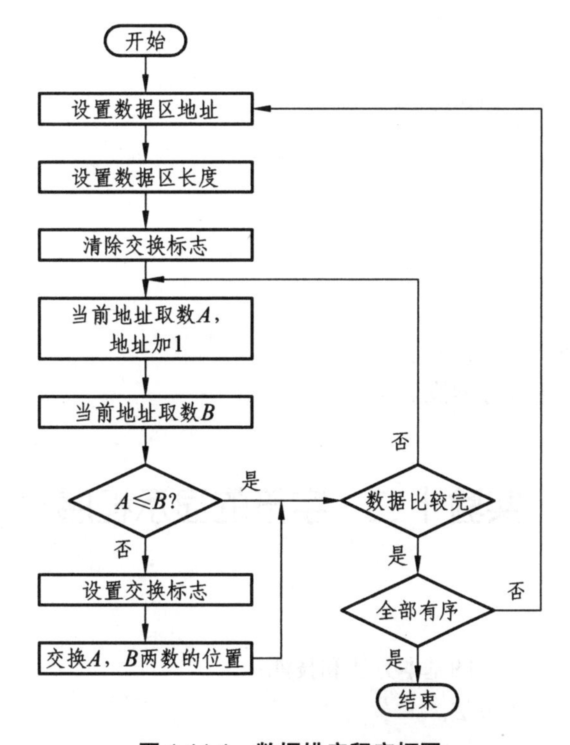

图 1.11.1　数据排序程序框图

五、参考程序

```
LEN     EQU     10
DATA    SEGMENT
        ARRAY   DB      5,2,1,0,2,3,8,6,5,9
        CHANGE  DB      0
DATA    ENDS
CODE    SEGMENT
        ASSUME  CS:CODE, DS:DATA

START   PROC    NEAR
MOV     AX, DATA
```

```
        MOV     DS, AX
SORT:
        MOV     BX, OFFSET ARRAY
        MOV     CX, LEN – 1
        MOV     CHANGE, 0
GOON:
        MOV     AL, BYTE PTR [BX]
        INC     BX
        CMP     AL, BYTE PTR [BX]
        JNG     NEXT                        ; 前小后大，不交换
        MOV     CHANGE, 1                   ; 前大后小，置交换标志
        MOV     AH, [BX]
        MOV     [BX] ,AL                    ; 交换
        MOV     [BX – 1], AH
NEXT:
        LOOP    GOON
        CMP     CHANGE, 0
        JNE     SORT
        JMP     $
        CODE    ENDS
        END     START
```

六、预习要求

（1）了解数据排序的简单算法；

（2）了解数列的有序和无序概念。

实验十二　字符的显示程序

一、实验目的

（1）掌握汇编语言程序设计的基本方法和技能；

（2）掌握信息提示的编程方法。

二、实验要求

编写程序，实现两个字符串比较。若字符串相同，则显示“Match”，否则，显示“No match”。

三、参考程序

```
DATA        SEGMENT
STRING1     DB 'I am a student. '           ;数据段定义
STRING2     DB 'I am a student. '
MESS1       DB 'Match! ',0DH,0AH, '$'
MESS2       DB 'No Match! ',0DH,0AH, '$'
DATA        ENDS                            ;数据段结束
```

```
        CODE    SEGMENT                         ;代码段定义
                ASSUME  CS: CODE, DS: DATA, ES: DATA
START:  PUSH    DS                              ;保存原数据段地址
        SUB     AX,AX                           ;AX 清零
        PUSH    AX                              ;存入堆栈
        MOV     AX,DATA                         ;段地址经 AX 送 DS 及 ES
        MOV     DS,AX
        MOV     ES,AX
        LEA     SI,STRING1                      ;设数据源指针
        LEA     DI,STRING2                      ;设目的数据指针
        CLD                                     ;DF=0
        MOV     CX,15                           ;设计比较计数器的个数
        REPZ    CMPSB                           ;对应数据比较，若相等则循环
        JZ      MATCH                           ;数据均相同，显示'Match'
        LEA     DX,MESS2                        ;数据不相同，显示'No match'
        JMP     DISP
MATCH:  LEA     DX,MESS1
DISP:   MOV     AH,09H                          ;显示字符串
        INT     21H
        MOV     AX,4C00H
        INT     21H
        CODE    ENDS                            ;代码段结束
        END     START                           ;全部结束
```

四、预习要求

（1）熟悉字符串操作指令；

（2）熟悉汇编语言程序各种结构的综合编程方法。

实验十三　串操作

一、实验目的

（1）掌握串操作指令的用法；

（2）熟悉内存块移动的编程方法。

二、实验要求

将指定源地址和长度的存储块移到指定目标位置。

三、程序框图

内存块移动程序框图如图 1.13.1 所示。

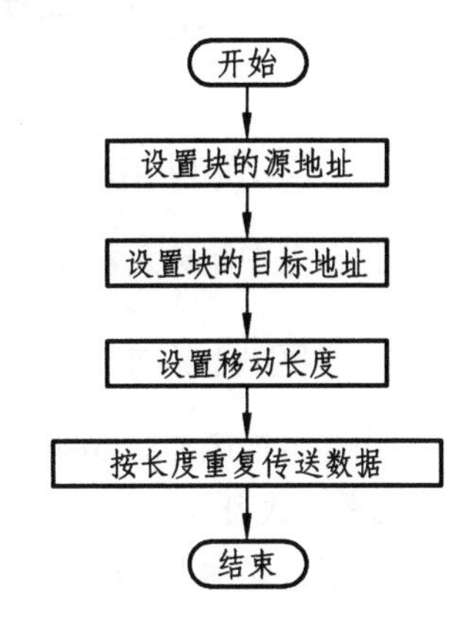

图 1.13.1　内存块移动程序框图

四、参考程序

```
DATA        SEGMENT
SOURCE      DB    256    DUP( 66H )
TARGET      DB    256    DUP(? )
DATA        ENDS

STACK       SEGMENT   STACK
STA         DB     64 DUP(0)
STACK_TOP   DB     0
STACK       ENDS

CODE        SEGMENT
            ASSUME  CS:CODE, DS:DATA, ES:DATA , SS:STACK
START       PROC       NEAR
MOV         AX, DATA
MOV         DS, AX
MOV         ES, AX
MOV         AX,STACK
MOV         SS,AX
LEA         SP,STACK_TOP
MOV         SI, OFFSET SOURCE
MOV         DI, OFFSET TARGET
MOV         CX, 256
REP         MOVSB
MOV         AX,4C00H
INT         21H
CODE        ENDS
END         START
```

五、预习要求

（1）熟悉串操作指令及其用法；

（2）熟悉内存块的移动方法。

实验十四　表中删除、插入元素程序设计

一、实验目的

掌握在表中删除元素和在表中插入元素的编程方法。

二、实验要求

设内存数据区 DS：2000H 地址开始有 150 个 ASCII 码字符，该表以$符结束。删除表中第 31 ~ 45 个元素，从表首插入 5 个“!”符，显示表插入前后的内容；由键盘输入一个字符，删除表中的这个元素，显示表的内容。

三、参考程序

```
      DATA    SEGMENT
      ORG     2000H
      A0      DB   0DH,0AH
      A1      DB   10    DUP('TQERWYUIO,')
      DB      5     DUP('DSFAGHJKL,')
      DB      '$'
      DATA    ENDS
      STACK   SEGMENT
      STA1    DW   100      DUP(?)
      STACK   ENDS
      CODE    SEGMENT
              ASSUME   CS:CODE,DS:DAT
              ASSUME   SS:STAC,ES:DAT
      STA     PROC           FAR
      PUSH    DS
      XOR     AX,AX
      PUSH    AX
      MOV     AX,DAT
      MOV     DS,AX
      MOV     ES,AX
      CALL    TT
      STD
      MOV     CX,30
      LEA     SI,A1
      MOV     SI,DI
      ADD     SI,29
      ADD     DI,34
      REP     MOVSB
      MOV     CX,5
      MOV     AL,'!'
      REP     STOSB
      CLD
      ADD     SI,45+1
      ADD     SI,35+1
      MOV     CX,105+1
      REP     MOVSB
      CALL    TT
      MOV     AH,1
      INT     21H
      LEA     SI,A1
TT1:  JZ      TT3
      CMP     AL,[SI]
      JZ      TT2
      INC     SI
      JMP     TT1
TT2:  CALL    P
      JMP     TT1
TT3:  CALL    TT
      RET
      STA     ENDP
TT:   LEA     DX,A0
```

```
        MOV     AH,9
        INT     21H
        RET
P:      PUSH    SI
        MOV     DI,SI
        INC     SI
M:      MOVSB
        CMP     BYTE PTR [DI-1],'$'
        JZ      M1
        JMP     M
M1:     POP     SI
        RET

        CODE    ENDS
        END     STA
```

四、预习要求

掌握在表中删除元素和在表中插入元素的算法。

实验十五　字母大小写转换

一、实验目的

（1）了解小写字母和大写字母的表示方法；

（2）掌握小写字母转换成大写字母、大写字母转换成小写字母的编程设计方法。

二、实验要求

设内存数据区有大小写混合英文 ASCII 码字母，将其转换成全部大写和全部小写，并在屏幕上显示出来。字母显示用 DOS 功能 9 号调用。

三、参考程序

```
DATA    SEGMENT     PARA 'DAT'
D0      DB          0DH,0AH
D1      DB          'DfdSJfhjsdHDSFHJsDHSj','$'
DATA    ENDS
STACK   SEGMENT
STA1    DW          100     DUP(?)
STACK   ENDS
CODE    SEGMENT     PARA 'CODE'
        ASSUME      CS:CODE,DS:DAT
        ASSUME      SS:STAC,ES:DAT
STAR    PROC        FAR
PUSH    DS
XOR     AX,AX
PUSH    AX
MOV     AX,DAT
```

```
        MOV     DS,AX
        MOV     ES,AX

        CALL    TT
        LEA     DI,D1
        CALL    TT1
        CALL    TT
        LEA     DI,D1
        CALL    TT2
        CALL    TT
        RET
        STAR    ENDP
        TT1     PROC
GO:     MOV     AL,[DI]
        CMP     AL,'$'
        JZ      GO2
        CMP     AL,'A'
        JB      GO1
        CMP     AL,'Z'
        JA      GO1
        ADD     BYTE    PTR [DI],20H
GO1:    INC     DI
        JMP     GO
GO2:    RET
        TT1     ENDP
        TT2     PROC
GM:     MOV     AL,[DI]
        CMP     AL,'$'
        JZ      GM2
        CMP     AL,'a'
        JB      GM1
        CMP     AL,'z'
        JA      GM1
        SUB     BYTE    PTR [DI],20H
GM1:    INC     DI
        JMP     GM
GM2:    RET
        TT2     ENDP
        TT      PROC
        LEA     DX,D1
        MOV     AH,9
        INT     21H
        RET
        TT      ENDP
        CODE    ENDS
        END     STAR
```

四、预习要求

（1）熟悉 DOS 功能 9 号调用的基本格式；

（2）熟悉字母大小写转换的基本算法。

第二部分
微型计算机接口技术实验

实验一　显示程序

一、实验目的

（1）掌握在 PC 机上以十六进制形式显示数据的方法；

（2）掌握部分 DOS 功能调用的使用方法；

（3）熟悉 Windows 集成操作软件 Tdpit 的操作环境和操作方法。

二、实验设备

PC 机一台，TD-PITD 实验系统一套。

三、实验要求

将指定数据区的数据以十六进制形式显示在屏幕上。

三、实验内容

本实验要求将指定数据区的数据以十六进制形式显示在屏幕上，并利用 DOS 功能调用完成一些提示信息的显示。通过本实验，学生应初步掌握实验系统的配套操作软件的使用方法。

实验中所使用 DOS 功能调用（INT 21H）说明如下：

（1）显示单个字符输出。

入口：AH=02H

调用参数：DL=输出字符

（2）显示字符串。

入口：AH=09H

调用参数：DS:DX=串地址，‘$’为结束字符

（3）键盘输入并回显。

入口：AH=01H

返回参数：AL=输出字符

（4）返回 DOS 系统。

入口：AH=4CH

调用参数：AL=返回码

实验程序如下：

```
        STACK1  SEGMENT STACK
        DW      256  DUP(?)
        STACK1  ENDS
        DATA    SEGMENT   USE16
        MES1    DB    'Show a as hex:',0AH,0DH,'$'
        SD      DB    'a'
        DATA    ENDS
        CODE    SEGMENT   USE16
                ASSUME   CS:CODE,DS:DATA
START:  MOV     AX,DATA
        MOV     DS,AX
        MOV     DX,OFFSET MES1          ;显示字符串
        MOV     AH,09H
        INT     21H
        MOV     SI,OFFSET SD
        MOV     AL,DS:[SI]
        AND     AL,0F0H                 ;取高 4 位
        SHR     AL,4
        CMP     AL,0AH                  ;是否是 A 以上的数
        JB      C2
        ADD     AL,07H
C2:     ADD     AL,30H
        MOV     DL,AL                   ;显示字符
        MOV     AH,02H
        INT     21H
        MOV     AL,DS:[SI]
        AND     AL,0FH                  ;取低 4 位
        CMP     AL,0AH
        JB      C3
        ADD     AL,07H
C3:     ADD     AL,30H
        MOV     DL,AL                   ;显示字符
        MOV     AH,02H
        INT     21H
WAIT1:  MOV     AH,1                    ;判断是否有按键按下
        INT     16H
        JZ      WAIT1                   ;无按键按下则跳回继续等待，有则退出
        MOV     AX,4C00H                ;返回 DOS
        INT     21H
        CODE    ENDS
        END     START
```

四、预习要求

（1）了解 8086 汇编语言程序设计方法；

（2）掌握 DOS 调用参数的设置以及作用。

实验二　数据传送

一、实验目的

（1）掌握与数据有关的不同寻址方式；
（2）继续熟悉实验操作软件的环境及使用方法。

二、实验设备

PC 机一台，TD-PITD 实验系统一套。

三、实验要求

将数据段中的一个字符串送到附加段中，并输出附加段中的目标字符串到屏幕上。

四、实验内容

实验参考程序如下：

```
        STACK1  SEGMENT STACK
        DW      256   DUP(?)
        STACK1  ENDS

        DDATA   SEGMENT
        MSR     DB      'HELLO,WORLD!$'
        LEN     EQU   $- MSR
        DDATA   ENDS

        EXDA    SEGMENT
        MSD     DB   LEN DUP(?)
        EXDA    ENDS

        CODE    SEGMENT
                ASSUME   CS:CODE,DS:DDATA,ES:EXDA

START:  MOV     AX,DDATA
        MOV     DS,AX

        MOV     AX,EXDA
        MOV     ES,AX
        MOV     SI,OFFSET MSR
        MOV     DI,OFFSET MSD
        MOV     CX,LEN
        MOV     BX,0
NEXT:   MOV     AL,MSR[BX]
        MOV     ES:MSD[BX],AL
        INC     BX
        LOOP    NEXT
        PUSH    ES
        POP     DS
```

```
        MOV     DX,OFFSET MSD
        MOV     AH,9
        INT     21H

WAIT1:  MOV     AH,1                    ;判断是否有按键按下
        INT     16H
        JZ      WAIT1                   ;无按键按下则跳回继续等待，有则退出

        MOV     AX,4C00H
        INT     21H
        CODE    ENDS
        END     START
```

五、预习要求

（1）复习数据段、附加段的作用；

（2）了解在 8086 系统下如何实现不同地址之间数据的复制。

实验三　8259 中断控制

一、实验目的

（1）掌握 8259 中断控制器的工作原理；

（2）掌握系统总线上 PCI_INTR 中断请求的应用编程方法。

二、实验设备

PC 机一台，TD-PITD 实验装置一套。

三、实验要求

利用系统总线上中断请求信号 PCI_INTR 设计一个单中断应用。使用单次脉冲模拟中断产生。编写中断处理程序，在显示器屏幕上显示一个字符“9”。

四、实验内容

1. 中断控制器 8259 简介

中断控制器 8259 是 Intel 公司专为控制中断优先级而设计开发的芯片。它将中断源优先级排队、辨别中断源以及提供中断矢量的电路集于一块芯片中，因此无须附加任何电路，只需对 8259 进行编程，就可以管理 8 级中断，并选择优先模式和中断请求方式，即中断结构可以由用户编程来设定。同时，在不需要增加其他电路的情况下，通过多片 8259 的级联，能够构成多达 64 级的矢量中断系统。它的管理功能包括：① 记录各级中断源请求；② 判别优先级，确定是否响应和响应哪一级中断；③ 响应中断时，向 CPU 传送中断类型号。8259 的内部结构和引脚图如图 2.3.1、2.3.2 所示。

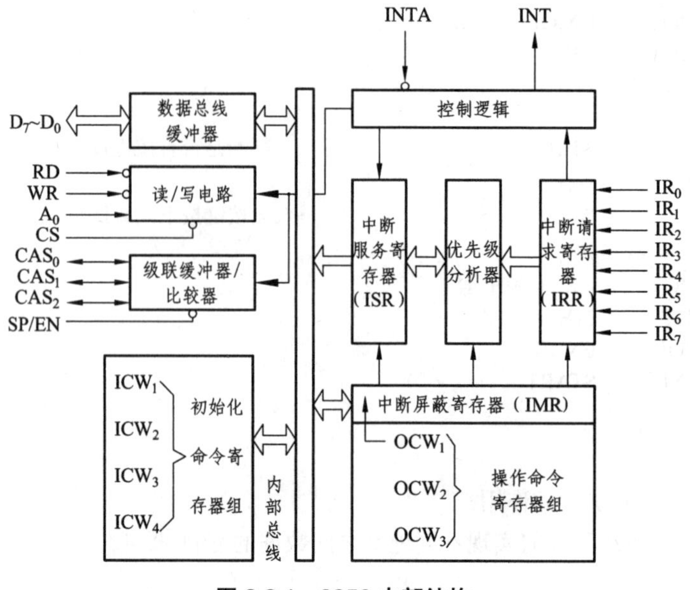

图 2.3.1　8259 内部结构

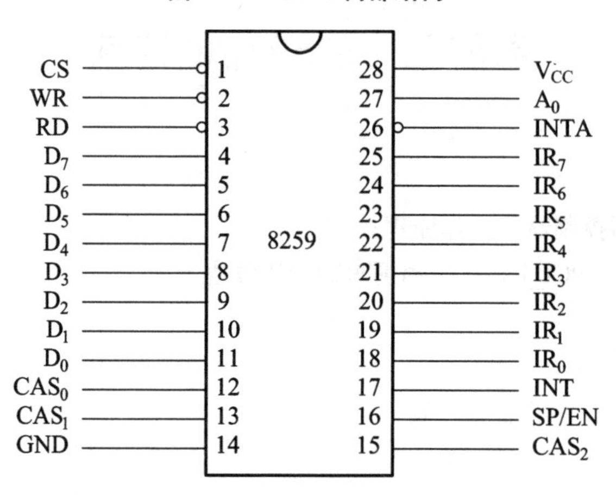

图 2.3.2　8259 引脚图

8259 的命令共有 7 个，一类是初始化命令字，另一类是操作命令。8259 的编程就是根据应用需要将初始化命令字 ICW_1 ~ ICW_4 和操作命令字 OCW_1 ~ OCW_3 分别写入初始化命令寄存器组以及操作命令寄存器组。ICW_1 ~ ICW_4 以及 OCW_1 ~ OCW_3 各命令字格式如图 2.3.3 ~ 2.3.7 所示。其中，OCW_1 用于设置中断屏蔽操作字，OCW_2 用于设置优先级循环方式和中断结束方式的操作命令字，OCW_3 用于设置和撤销特殊屏蔽方式、设置中断查询方式以及设置对 8259 内部寄存器的读出命令。

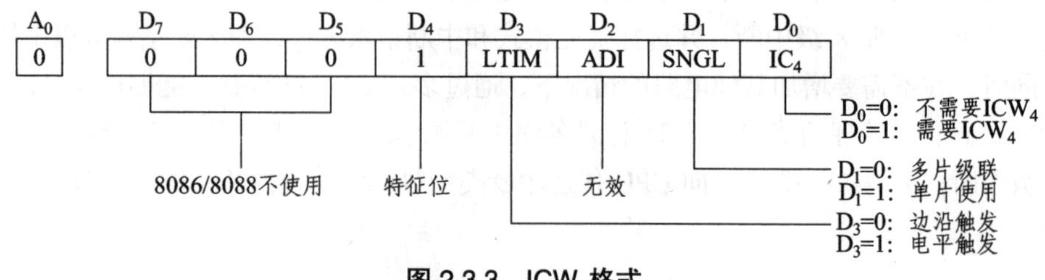

图 2.3.3　ICW_1 格式

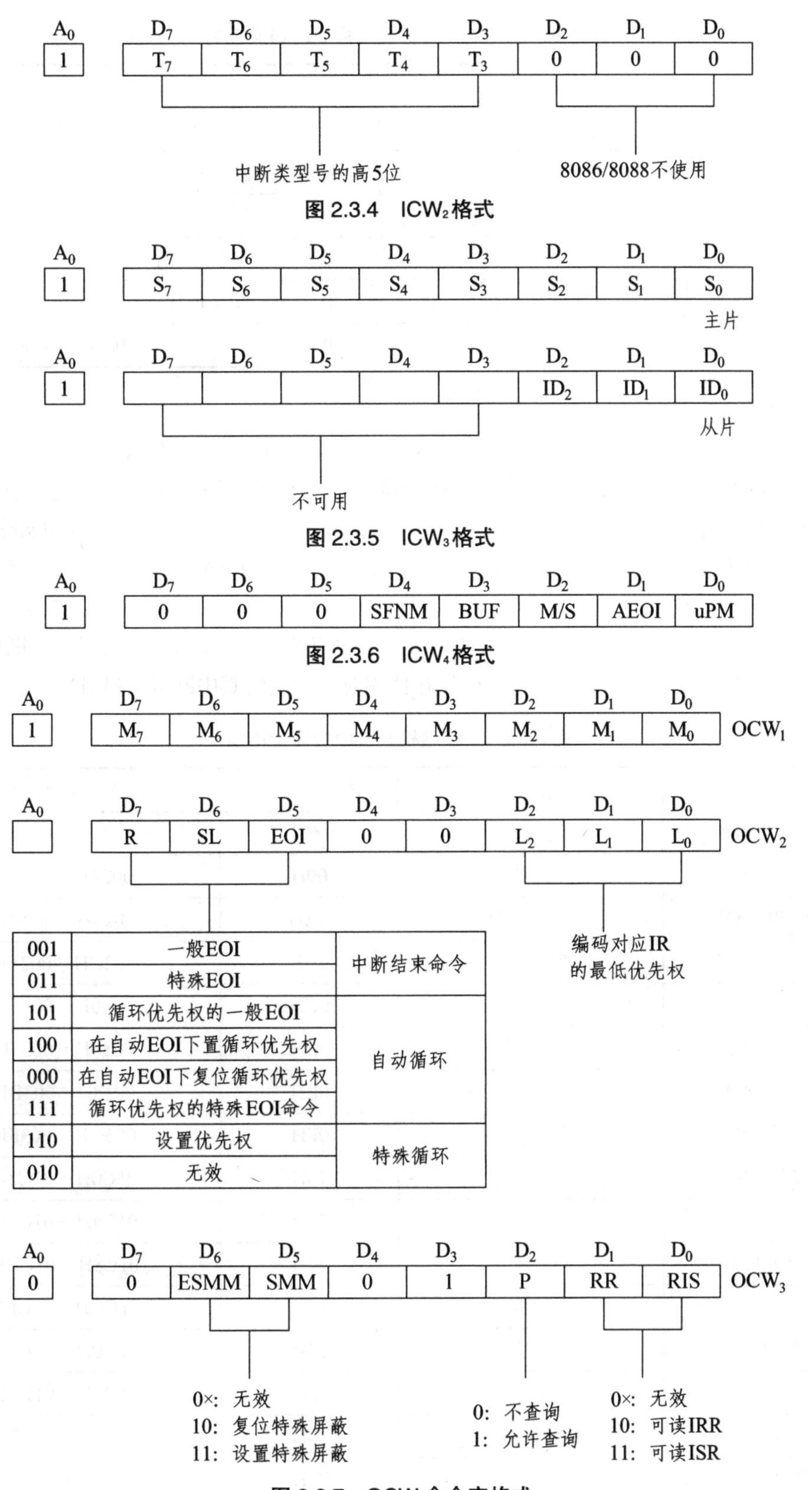

图 2.3.4　ICW$_2$格式

图 2.3.5　ICW$_3$格式

图 2.3.6　ICW$_4$格式

R SL EOI	功能	类别
001	一般EOI	中断结束命令
011	特殊EOI	
101	循环优先权的一般EOI	自动循环
100	在自动EOI下置循环优先权	
000	在自动EOI下复位循环优先权	
111	循环优先权的特殊EOI命令	
110	设置优先权	特殊循环
010	无效	

图 2.3.7　OCW 命令字格式

表 2.3.1　8259 寄存器及命令的访问控制

A_0	D_4	D_3	读信号	写信号	片　选	操　作
0			0	1	0	读出 ISR，IRR 的内容
1			0	1	0	读出 IMR 的内容
0	0	0	1	0	0	写入 ICW_2
0	0	1	1	0	0	写入 ICW_3
0	1	×	1	0	0	写入 ICW_4
1	×	×	1	0	0	写入 OCW_1，ICW_2，ICW_3，ICW_4

2. PC 微机系统中的 8259

在 80x86 系列 PC 微机系统中，共有两片 8259 中断控制器，经级联可以管理 15 级硬件中断。其中部分中断号已经被系统硬件占用，具体使用情况如表 2.3.2 所示。2 片 8259 的端口地址为：主片 8259 使用 020H 和 021H 两个端口，从片使用 0A0H 和 0A1H 两个端口。系统初始化两片 8259 的中断请求信号均采用上升沿触发，采用全嵌套方式，优先级的排列次序为 0 级→1 级→8 级～15 级→3 级～7 级。

在实验平台上，系统总线单元的 PCI_INTR 信号对应的中断线就是 PC 机保留中断中的一个。对 PCI_INTR 中断的初始化 PC 机已经完成，在使用时主要是将其中断屏蔽打开，修改中断向量。

表 2.3.2　PC 微机系统中的硬件中断

中断号	功　能	中断向量号	中断向量地址
主 8259 IRQ0	日时钟/计数器 0	08H	0020H～0023H
主 8259 IRQ1	键盘	09H	0024H～0027H
主 8259 IRQ2	接从片 8259	0AH	0028H～002BH
主 8259 IRQ3	串行口 2	0BH	002CH～002FH
主 8259 IRQ4	串行口 1	0CH	0030H～0033H
主 8259 IRQ5	并行口 2	0DH	0034H～0037H
主 8259 IRQ6	软盘	0EH	0038H～003BH
主 8259 IRQ7	并行口 1	0FH	003CH～003FH
从 8259 IRQ8	实时钟	70H	01C0H～01C3H
从 8259 IRQ9	保留	71H	01C4H～01C7H
从 8259 IRQ10	保留	72H	01C8H～01CBH
从 8259 IRQ11	保留	73H	01CCH～01CFH
从 8259 IRQ12	保留	74H	01D0H～01D3H
从 8259 IRQ13	协处理器中断	75H	01D4H～01D7H
从 8259 IRQ14	硬盘控制器	76H	01D8H～01DBH
从 8259 IRQ15	保留	77H	01DCH～01DFH

五、实验步骤

实验参考程序：

```
        INTR_IVADD      EQU     01C8H       ;INTR对应的中断矢量地址
        INTR_OCW1       EQU     0A1H        ;INTR对应PC机内部8259的OCW1地址
        INTR_OCW2       EQU     0A0H        ;INTR对应PC机内部8259的OCW2地址
        INTR_IM         EQU     0FBH        ;INTR对应的中断屏蔽字

        STACK1  SEGMENT STACK
        DW      256  DUP(?)
        STACK1  ENDS

        DATA  SEGMENT
        MES         DB   'Press any key to exit!',0AH,0DH,0AH,0DH,'$'
        CS_BAK      DW   ?              ;保存INTR原中断处理程序入口段地址的变量
        IP_BAK      DW   ?              ;保存INTR原中断处理程序入口偏移地址的变量
        IM_BAK      DB   ?              ;保存INTR原中断屏蔽字的变量
        DATA  ENDS

        CODE  SEGMENT
              ASSUME CS:CODE,DS:DATA

START:  MOV   AX,DATA
        MOV   DS,AX
        MOV   DX,OFFSET MES             ;显示退出提示
        MOV   AH,09H
        INT   21H
        CLI

        MOV   AX,0000H                  ;替换INTR的中断矢量
        MOV   ES,AX
        MOV   DI,INTR_IVADD
        MOV   AX,ES:[DI]
        MOV   IP_BAK,AX                 ;保存INTR原中断处理程序入口偏移地址
        MOV   AX,OFFSET MYISR
        MOV   ES:[DI],AX                ;设置当前中断处理程序入口偏移地址

        ADD   DI,2
        MOV   AX,ES:[DI]
        MOV   CS_BAK,AX                 ;保存INTR原中断处理程序入口段地址
        MOV   AX,SEG MYISR
        MOV   ES:[DI],AX                ;设置当前中断处理程序入口段地址

        MOV   DX,INTR_OCW1              ;设置中断屏蔽寄存器，打开INTR的屏蔽位
        IN    AL,DX
        MOV   IM_BAK,AL                 ;保存INTR原中断屏蔽字
        AND   AL,INTR_IM
        OUT   DX,AL
        STI
WAIT1:  MOV   AH,1                      ;判断是否有按键按下
        INT   16H
        JZ    WAIT1                     ;无按键按下则跳回继续等待，有则退出
```

```
QUIT:  CLI
       MOV    AX,0000H           ;恢复INTR原中断矢量
       MOV    ES,AX
       MOV    DI,INTR_IVADD
       MOV    AX,IP_BAK          ;恢复INTR原中断处理程序入口偏移地址
       MOV    ES:[DI],AX
       ADD    DI,2
       MOV    AX,CS_BAK          ;恢复INTR原中断处理程序入口段地址
       MOV    ES:[DI],AX

       MOV    DX,INTR_OCW1       ;恢复INTR原中断屏蔽寄存器的屏蔽字
       MOV    AL,IM_BAK
       OUT    DX,AL
       STI

       MOV    AX,4C00H           ;返回到DOS
       INT    21H

       MYISR  PROC NEAR          ;中断处理程序MYISR
       PUSH   AX
       MOV    AL,39H
       MOV    AH,0EH
       INT    10H
       MOV    AL,20H
       INT    10H

OVER:  MOV    DX,INTR_OCW2       ;向PC机内部8259发送中断结束命令
       MOV    AL,20H
       OUT    DX,AL
       MOV    AL,20H
       OUT    20H,AL
       POP    AX
       IRET
       MYISR  ENDP

       CODE   ENDS
       END    START
```

实验方法：

（1）按图2.3.8接线。

（2）运行Tdpit集成操作软件，根据实验要求编写程序并编译、链接。

（3）使用运行命令运行程序，重复按单次脉冲开关KK+，显示屏会显示字符“9”，说明响应了中断。

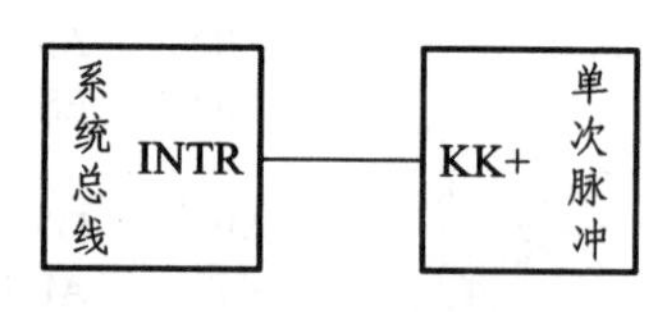

图2.3.8　实验接线图

六、预习要求

（1）了解8259芯片的功能，以及中断概念、中断向量在中断过程中的作用；

（2）掌握中断服务程序的实现过程。

实验四　8255 并行接口

一、实验目的

（1）学习并掌握 8255 的工作方式及其应用；

（2）掌握 8255 典型应用电路的接法。

二、实验设备

PC 机一台，TD-PITD 实验装置一套。

三、实验要求

（1）基本输入/输出实验。编写程序，使 8255 的 A 口为输出，B 口为输入，完成拨动开关到数据灯的数据传输。要求只要拨动开关，数据灯的显示就发生相应变化。

（2）流水灯显示实验。编写程序，使 8255 的 A 口和 B 口均为输出，数据灯 $D_7 \sim D_0$ 由左向右每次仅亮一个灯，循环显示，$D_{15} \sim D_8$ 由右向左每次仅亮一个灯，循环显示。

四、实验内容

并行接口是以字节为单位与 I/O 设备或被控制对象传递数据的。CPU 和接口之间的数据传送总是并行的，即可以同时传递 8 位、16 位或 32 位数据等。8255 可编程外围接口芯片是 Intel 公司生产的通用并行 I/O 接口芯片，它具有 A、B、C 三个并行接口，用 +5 V 单电源供电，能在以下三种方式下工作：方式 0 —— 基本输入/输出方式、方式 1 —— 选通输入/输出方式、方式 2 —— 双向选通方式。8255 的内部结构及引脚如图 2.4.1、2.4.2 所示，8255 工作方式控制字和 C 口按位置位/复位控制字格式如图 2.4.3 和 2.4.4 所示。

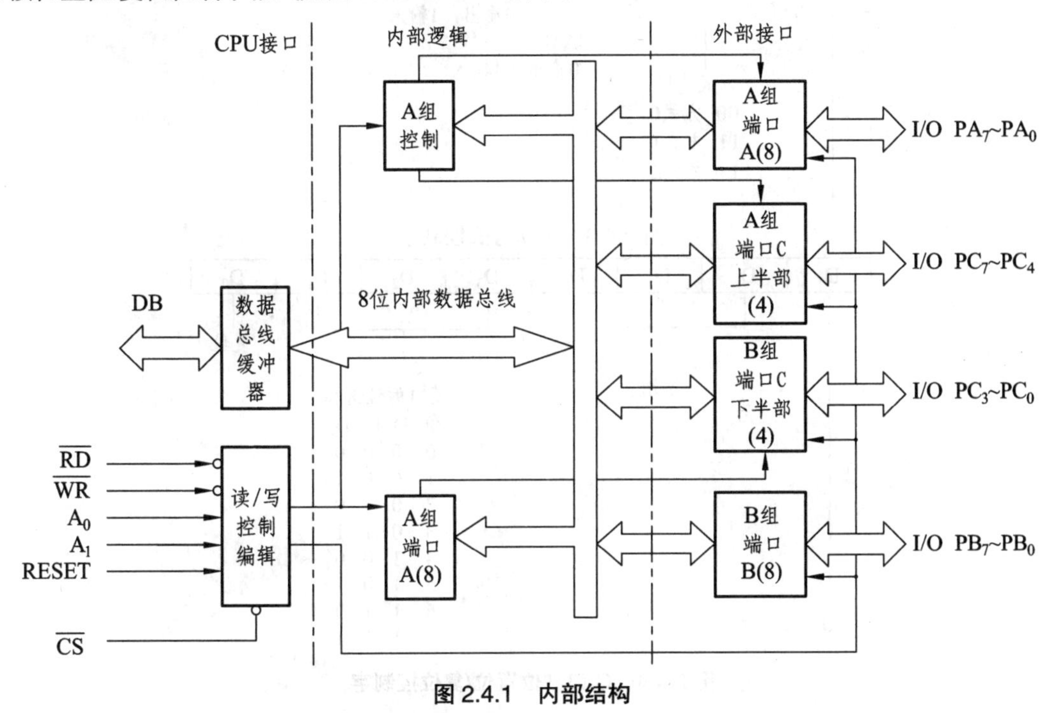

图 2.4.1　内部结构

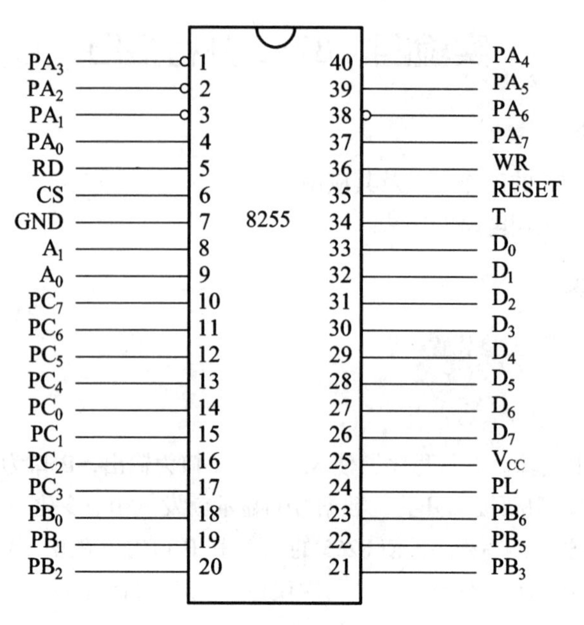

图 2.4.2　8255 外部引脚图

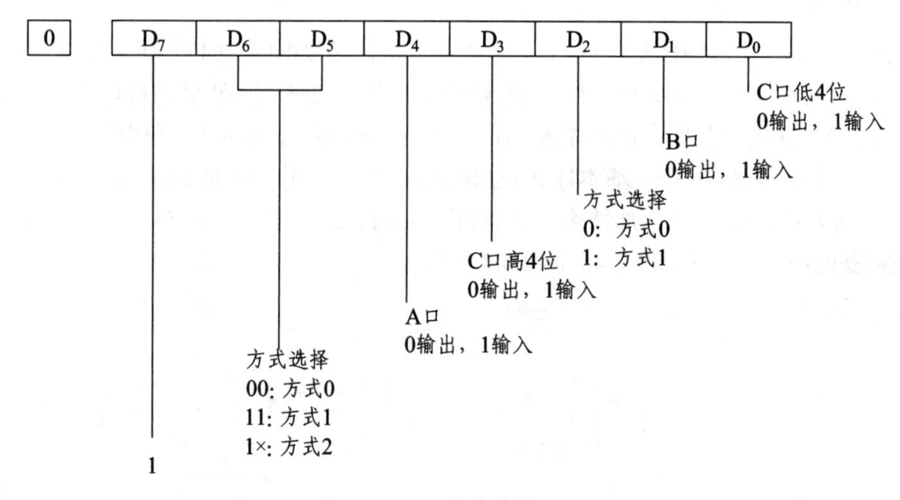

图 2.4.3　工作方式控制字

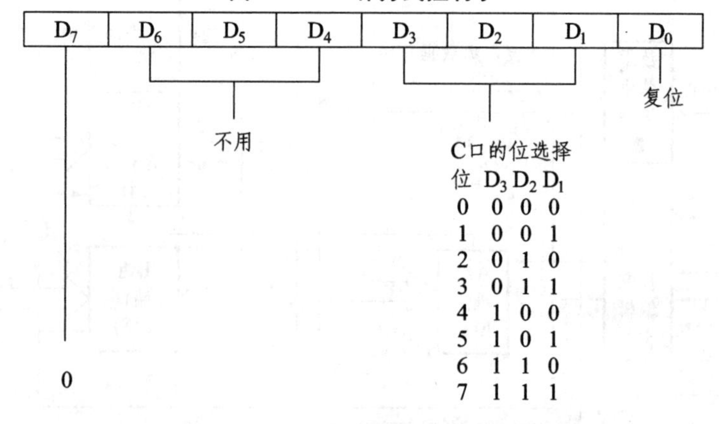

图 2.4.4　C 口按位置位/复位控制字

8255 实验单元电路图如图 2.4.5 所示。

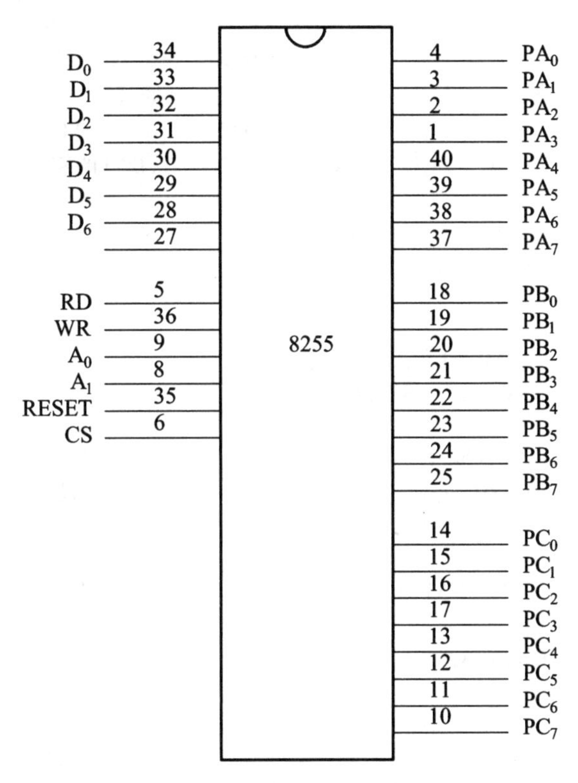

图 2.4.5　8255 实验单元电路图

五、实验步骤

1. 基本输入/输出实验

本实验使 8255 端口 A 工作在方式 0 并作为输出口，端口 B 工作在方式 0 并作为输入口。将一组开关信号接入端口 B，端口 A 输出线接至一组数据灯，然后通过对 8255 芯片编程来实现输入/输出功能。具体实现步骤如下：

（1）按图 2.4.6 连接实验线路。

（2）运行 Tdpit 集成操作软件，根据实验内容，编写实验程序并编译、链接。

（3）运行程序，改变拨动开关，同时观察 LED 灯的显示，验证程序功能。

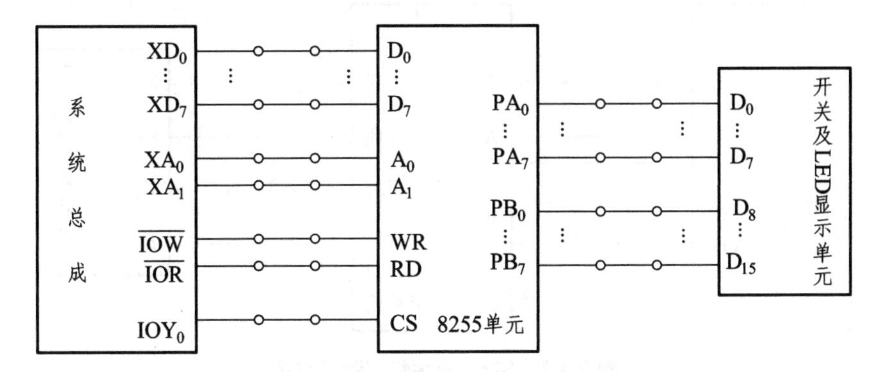

图 2.4.6　8255 基本输入/输出实验接线图

实验程序清单：

```
          IOY0            EQU     3000H          ;片选 IOY0 对应的端口始地址
          MY8255_A        EQU     IOY0+00H*2     ;8255 的 A 口地址
          MY8255_B        EQU     IOY0+01H*2     ;8255 的 B 口地址
          MY8255_C        EQU     IOY0+02H*2     ;8255 的 C 口地址
          MY8255_MODE     EQU     IOY0+03H*2     ;8255 的控制寄存器地址

          STACK1  SEGMENT   STACK
          DW      256   DUP(?)
          STACK1  ENDS

          CODE    SEGMENT
                  ASSUME  CS:CODE

START:    MOV     DX,MY8255_MODE                 ;初始化 8255 工作方式
          MOV     AL,82H                         ;工作方式 0，A 口输出，B 口输入
          OUT     DX,AL

LOOP1:    MOV     DX,MY8255_B                    ;读 B 口
          IN      AL,DX
          MOV     DX,MY8255_A                    ;写 A 口
          OUT     DX,AL

          MOV     AH,1                           ;判断是否有按键按下
          INT     16H
          JZ      LOOP1                          ;无按键按下则跳回继续循环，有则退出

QUIT:     MOV     AX,4C00H                       ;结束程序退出
          INT     21H

          CODE    ENDS
          END     START
```

2. 流水灯显示实验

实验步骤如下：

（1）按图 2.4.7 连接实验线路。

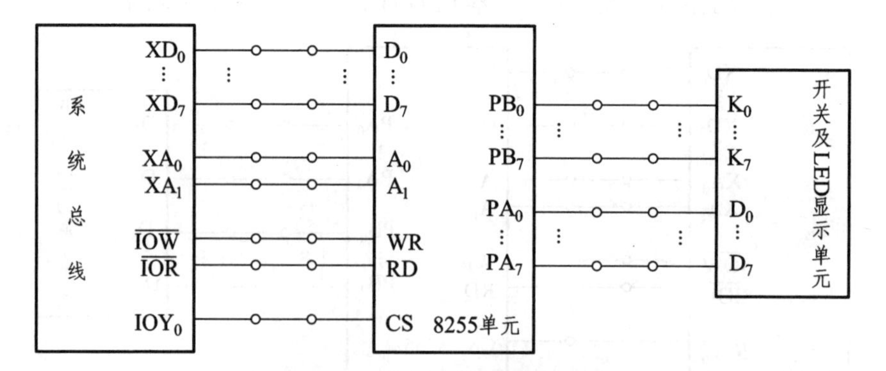

图 2.4.7　8255 流水灯实验接线图

（2）运行 Tdpit 集成操作软件，根据实验内容，编写实验程序并编译、链接。

（3）运行程序，观察 LED 灯的显示，验证程序功能。

（4）自己改变流水灯的方式，编写程序。

实验参考程序：

```
        IOY0           EQU   3000H          ;片选 IOY0 对应的端口始地址
        MY8255_A       EQU   IOY0+00H*2     ;8255 的 A 口地址
        MY8255_B       EQU   IOY0+01H*2     ;8255 的 B 口地址
        MY8255_C       EQU   IOY0+02H*2     ;8255 的 C 口地址
        MY8255_MODE    EQU   IOY0+03H*2     ;8255 的控制寄存器地址

        STACK1  SEGMENT STACK
        DW      256   DUP(?)
        STACK1  ENDS

        DATA    SEGMENT
        LA      DB  ?                        ;定义数据变量
        LB      DB  ?
        DATA    ENDS

        CODE    SEGMENT
                ASSUME   CS:CODE,DS:DATA

START:  MOV     AX,DATA
        MOV     DS,AX

        MOV     DX,MY8255_MODE               ;定义 8255 工作方式
        MOV     AL,80H                       ;工作方式 0，A 口和 B 口为输出
        OUT     DX,AL

        MOV     DX,MY8255_A                  ;写 A 口发出的起始数据
        MOV     AL,80H
        OUT     DX,AL
        MOV     LA,AL

        MOV     DX,MY8255_B                  ;写 B 口发出的起始数据
        MOV     AL,01H
        OUT     DX,AL
        MOV     LB,AL
LOOP1:  CALL    DALLY
        MOV     AL,LA                        ;将 A 口起始数据右移再写入 A 口
        ROR     AL,1
        MOV     LA,AL
        MOV     DX,MY8255_A
        OUT     DX,AL
        MOV     AL,LB                        ;将 B 口起始数据左移再写入 B 口
        ROL     AL,1
        MOV     LB,AL
        MOV     DX,MY8255_B
        OUT     DX,AL
        MOV     AH,1                         ;判断是否有按键按下
        INT     16H
        JZ      LOOP1                        ;无按键按下则跳回继续循环，有则退出
```

```
QUIT:  MOV    AX,4C00H                 ;结束程序，退出
       INT    21H

       DALLY  PROC NEAR                ;软件延时子程序
       PUSH   CX
       PUSH   AX
       MOV    CX,0FFFH
D1:    MOV    AX,0FFFFH
D2:    DEC    AX
       JNZ    D2
       LOOP   D1
       POP    AX
       POP    CX
       RET
       DALLY  ENDP
       CODE   ENDS
       END    START
```

六、预习要求

（1）复习有关并行接口技术的知识；

（2）掌握 8255 的 A、B 和 C 口的作用；

（3）掌握三种工作方式的特点。

实验五　DMA 特性及 8237 应用

一、实验目的

（1）掌握 8237DMA 控制器的工作原理；

（2）了解 DMA 特性及 8237 的几种数据传输方式；

（3）掌握 8237 的应用编程。

二、实验设备

PC 机一台，TD-PITD 实验装置一套。

三、实验要求

用 8237 实现存储器到存储器的数据传输。

四、实验内容

直接存储器访问（Direct Memory Access，DMA），是指外部设备不经过 CPU 的干涉，直接实现对存储器的访问。DMA 传送方式可用来实现存储器到存储器、存储器到 I/O 接口、I/O 接口到存储器之间的高速数据传送。

1. 8237 芯片介绍

8237 是一种高性能可编程 DMA 控制器，芯片有 4 个独立的 DMA 通道，可用来实现存储器到存储器、存储器到 I/O 接口、I/O 接口到存储器之间的高速数据传送。8237 的各通道均具有相应

的地址、字数、方式、命令、请求、屏蔽、状态和暂存寄存器，通过对它们的编程，可实现 8237 初始化，以确定 DMA 控制的工作类型、传输类型、优先级控制、传输定时控制及工作状态等。8237 的外部引脚如图 2.5.1 所示。

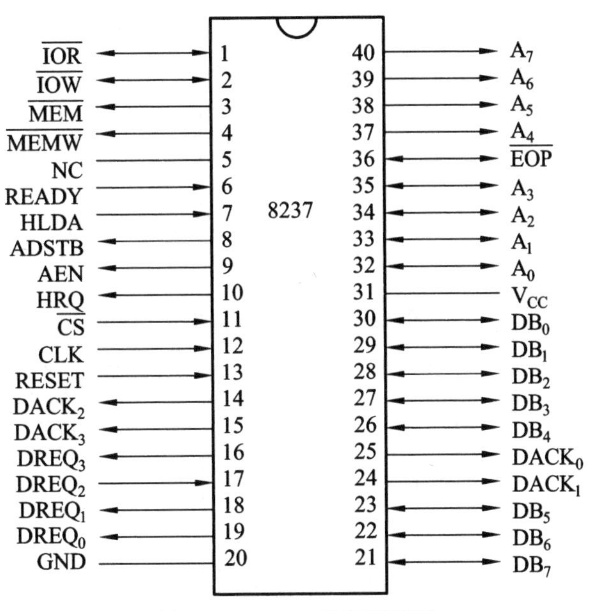

图 2.5.1　8237 外部引脚图

8237 的内部寄存器分为两类：① 4 个通道共用的寄存器，包括命令、方式、状态、请求、屏蔽和暂存寄存器；② 4 个通道专用的寄存器，包括地址寄存器（基地址及当前地址寄存器）和字节计数器（基本字节计数器和当前字节计数器）。

8237 内部结构如图 2.5.2 所示。

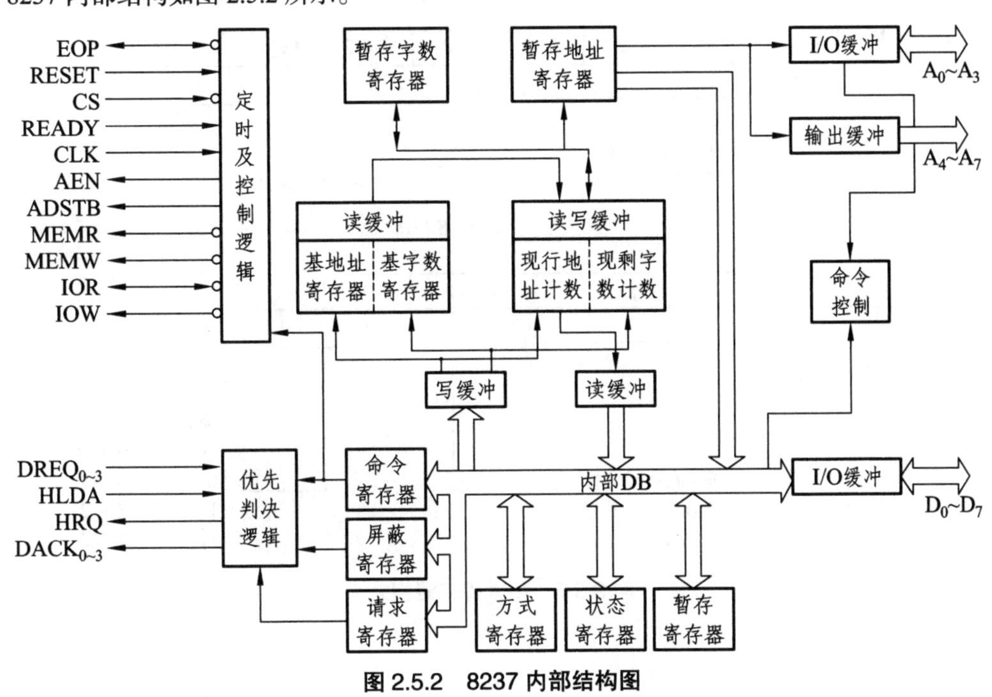

图 2.5.2　8237 内部结构图

寄存器的格式如图 2.5.3 ~ 2.5.7 所示。

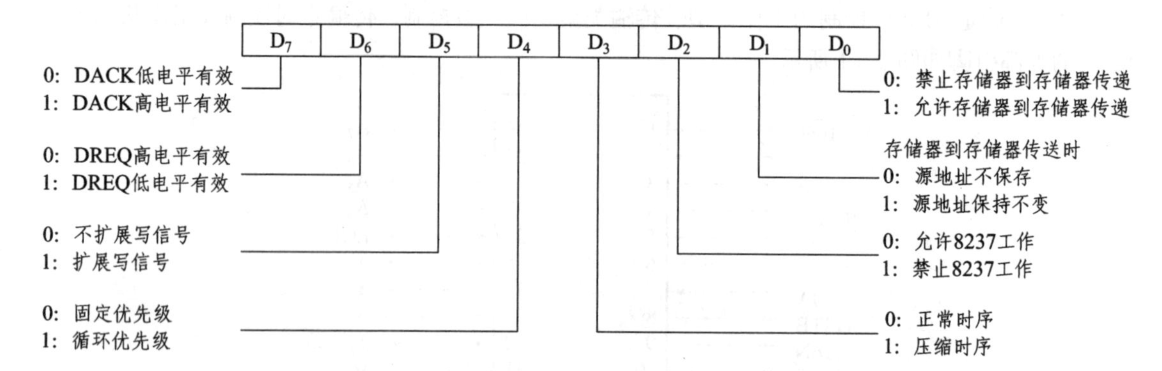

图 2.5.3　命令寄存器格式

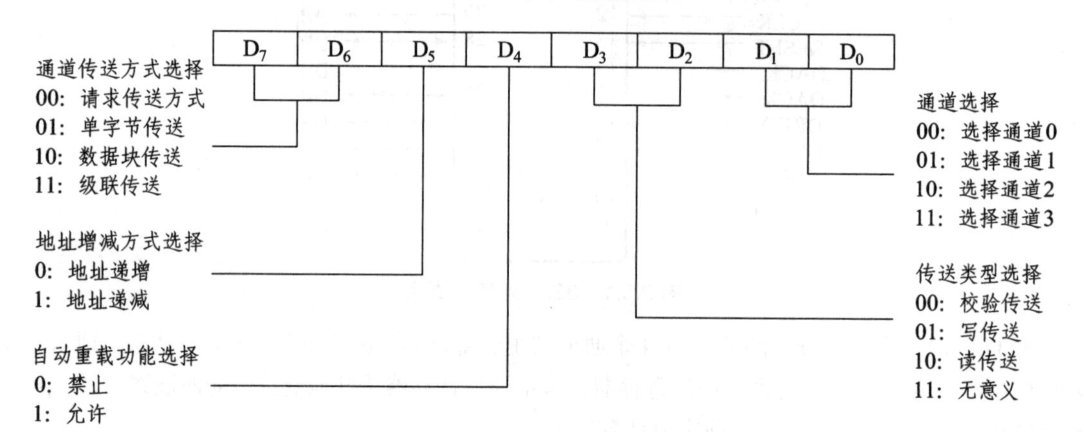

图 2.5.4　方式寄存器格式

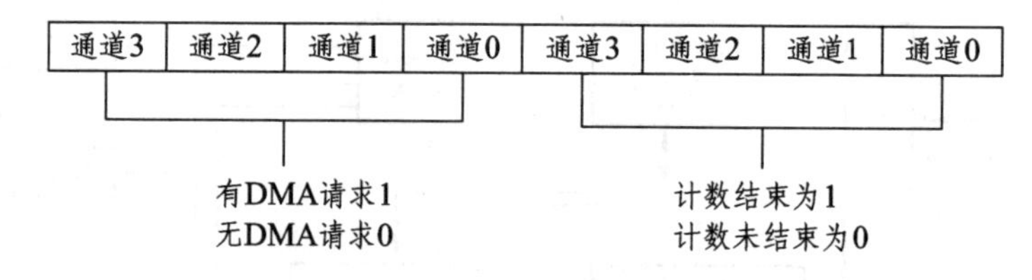

图 2.5.5　状态寄存器

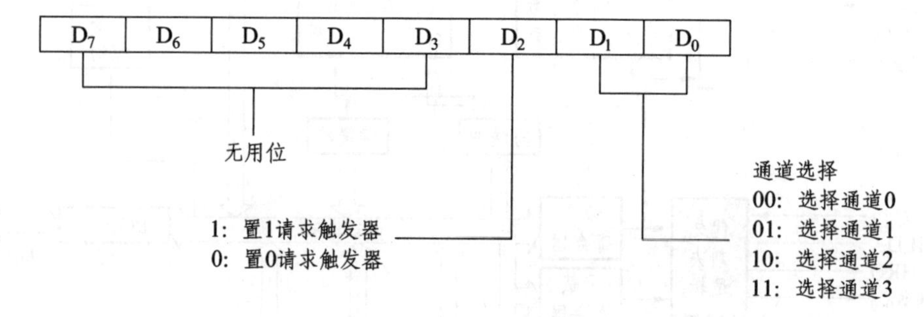

图 2.5.6　请求寄存器格式

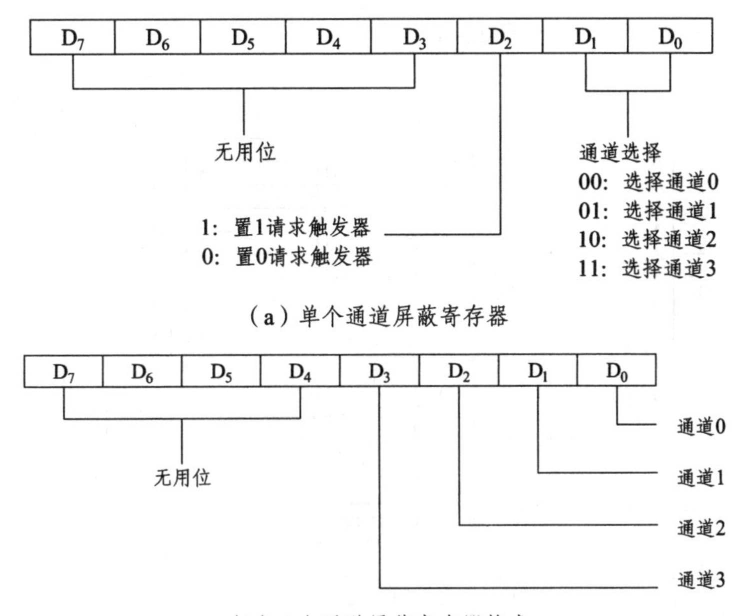

（b）4 个通道屏蔽寄存器格式

图 2.5.7　通道屏蔽寄存器格式

表 2.5.1 列出了 8237 内部寄存器和软命令及其操作信息。

表 2.5.1　8237 内部寄存器和软命令及其操作信息

寄存器名		位长	操作	片选逻辑（$\overline{CS}$=0）			对应端口号	先后触发器	操作字节
				$\overline{IOR}$	$\overline{IOW}$	A_3 A_2 A_1 A_0			
基地址寄存器（4个）		16	写	1	0	0 A_2 A_1 1			
当前地址寄存器（4个）		16	写			通道选择	0H 2H 4H 8H	0 1 0 1	低8位 高8位 低8位 高8位
			读	0	1				
基字节数计数器（4个）		16	写	1	0	0 A_2 A_1 1			
当前字节数寄存器（4个）		16	写			通道选择	1H 3H 5H 7H	0 1 0 1	低8位 高8位 低8位 高8位
			读	0	1				
命令寄存器		8	写	1	0	1 0 0 0	8H		
状态寄存器		8	读	0	1				
请求寄存器		4	写	1	0	1 0 0 1	9H		
写单个屏蔽位寄存器		4	写	1	0	1 0 1 0	AH		
方式寄存器		6	写	1	0	1 0 1 1	BH		
暂存寄存器（4个）		8	读	0	1	1 1 0 1	DH		
软命令	主清除	—	写	1	0				
	清先后触发器	—	写	1	0	1 1 1 1	CH		
	清屏蔽寄存器	—	写	1	0	1 1 1 0	EH		
写4通道屏蔽位寄存器		4	写	1	0	1 1 1 0	FH		
地址暂存寄存器		16	与CPU不直接发生关系						
字节数暂存寄存器		16							

2. DMA 实验单元电路图（见图 2.5.8）

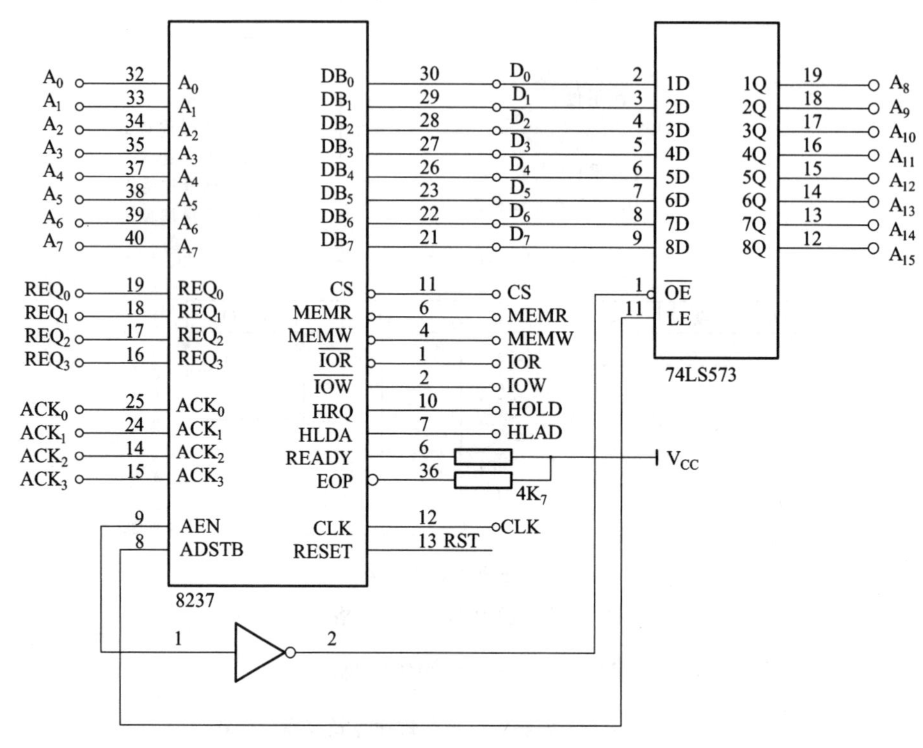

图 2.5.8　DMA 实验单元电路图

3. 实验内容

将存储器 D800H 单元开始的连续 8 个字节的数据复制到地址为 D810H 开始的 8 个单元中，实现 8237 的存储器到存储器传输。实验参考线路图如图 2.5.9 所示。

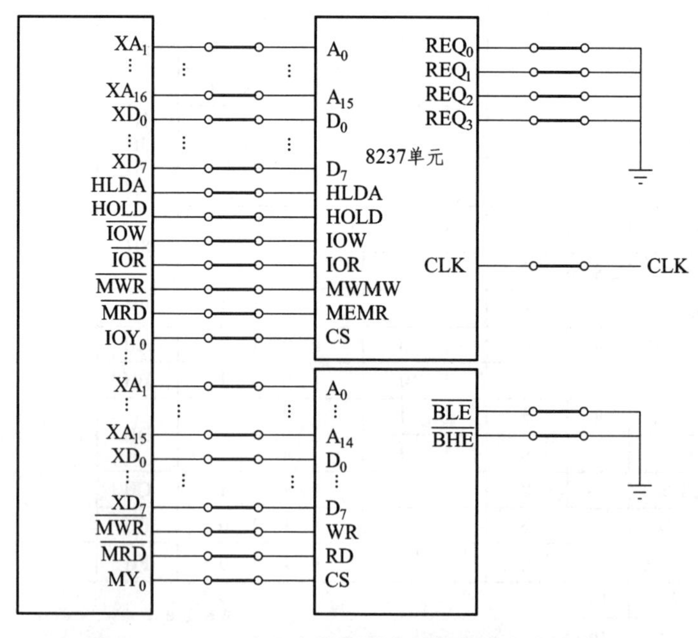

图 2.5.9　8237 实现存储器到存储器传输实验接线图

实验系统中提供了 MY0 这个存储器译码信号，译码空间为 D8000H ~ DFFFFH。在做 DMA 实验时，CPU 会让出总线权，而 8237 的寻址空间仅为 0000H ~ FFFFH，无法寻址到 MY0 的译码空间，故系统中将高位地址线 A19 ~ A17 连接到固定电平上，在 CPU 让出总线控制权时，MY0 会变为低电平，即 DMA 访问期间，MY0 有效。具体如图 2.5.10 所示。

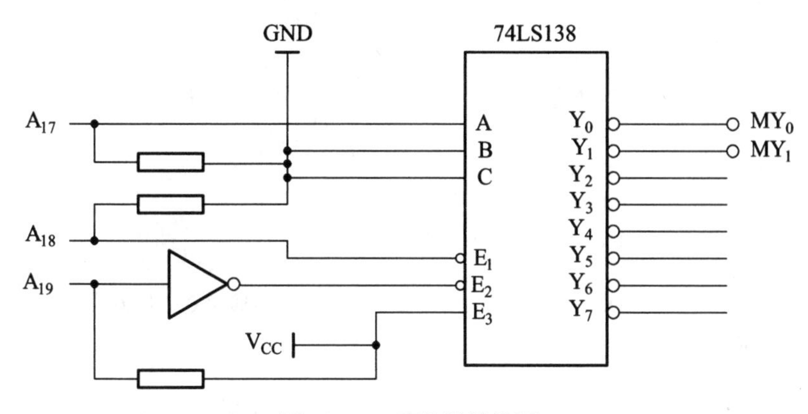

图 2.5.10　高位地址线图

实验参考程序：

```
          IOY0         EQU   3000H              ;IOY0 起始地址
          MY8237_0     EQU   IOY0+00H*2         ;通道 0 当前地址寄存器
          MY8237_1     EQU   IOY0+01H*2         ;通道 0 当前字节计数寄存器
          MY8237_2     EQU   IOY0+02H*2         ;通道 1 当前地址寄存器
          MY8237_3     EQU   IOY0+03H*2         ;通道 1 当前字节计数寄存器
          MY8237_8     EQU   IOY0+08H*2         ;写命令寄存器/读状态寄存器
          MY8237_9     EQU   IOY0+09H*2         ;请求寄存器
          MY8237_B     EQU   IOY0+0BH*2         ;工作方式寄存器
          MY8237_D     EQU   IOY0+0DH*2         ;写总清命令/读暂存寄存器
          MY8237_F     EQU   IOY0+0FH*2         ;屏蔽位寄存器

          STACK1       SEGMENT STACK
          DW           256   DUP(?)
          STACK1       ENDS
          CODE         SEGMENT
                       ASSUME   CS:CODE
START:    MOV          DX,MY8237_D              ;写总清命令
          OUT          DX,AL
          MOV          DX,MY8237_0              ;写通道 0 当前地址寄存器
          MOV          AL,00H
          OUT          DX,AL
          MOV          AL,00H
          OUT          DX,AL
          MOV          DX,MY8237_2              ;写通道 1 当前地址寄存器
          MOV          AL,08H
          OUT          DX,AL
          MOV          AL,00H
```

```
        OUT     DX,AL

        MOV     DX,MY8237_1             ;写通道 0 当前字节计数寄存器
        MOV     AL,07H
        OUT     DX,AL
        MOV     AL,00H
        OUT     DX,AL
        MOV     DX,MY8237_3             ;写通道 1 当前字节计数寄存器
        MOV     AL,07H
        OUT     DX,AL
        MOV     AL,00H
        OUT     DX,AL

        MOV     DX,MY8237_B             ;写通道 0 工作方式寄存器
        MOV     AL,88H
        OUT     DX,AL
        MOV     AL,85H                  ;写通道 1 工作方式寄存器
        OUT     DX,AL

        MOV     DX,MY8237_8             ;写命令寄存器
        MOV     AL,81H
        OUT     DX,AL

        MOV     DX,MY8237_F             ;写屏蔽位寄存器
        MOV     AL,00H
        OUT     DX,AL

        MOV     DX,MY8237_9             ;写请求寄存器
        MOV     AL,04H
        OUT     DX,AL

QUIT:   MOV     AX,4C00H                ;结束程序退出
        INT     21H
        CODE    ENDS
        END     START
```

五、实验步骤

（1）按图 2.5.9 接线；

（2）运行 Tdpit 集成操作软件，参考图 2.5.11 编写程序并编译、链接；

（3）打开软件中的“扩展存储区数据显示窗口”，对 D800:0000H 单元开始的连续 8 个偶地址字节数据进行修改（不要对奇地址进行操作）；

（4）运行程序，在“扩展存储区数据显示窗口”中的偏移地址栏中输入 D800:0010，并点击“读存储器”按钮，查看 DMA 传输结果是否与首地址中写入的数据相同，可反复验证；

（5）自己思考 DMA 的其他传输方式，设计实验进行验证。

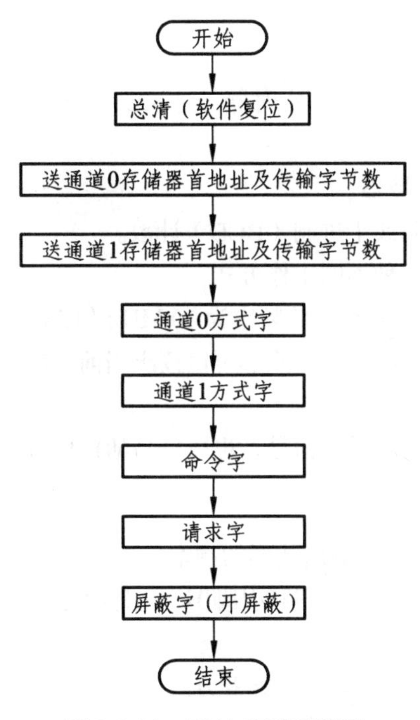

图 2.5.11　DMA 实验流程图

六、预习要求

（1）复习数据传输的三种方式，并比较各种方式的优缺点；

（2）掌握 DMA 工作原理以及使用方法。

实验六　8254 定时/计数器的应用

一、实验目的

（1）掌握 8254 的工作方式及应用编程；

（2）掌握 8254 典型应用电路的接法。

二、实验设备

PC 机一台，TD-PITD 实验装置一套，示波器一台。

三、实验要求

（1）计数应用实验。编写程序，应用 8254 的计数功能，使用单次脉冲模拟计数，使得每当按动“KK1+”5 次后，产生一次计数中断，并在屏幕上显示一个字符“5”。

（2）定时应用实验。编写程序，应用 8254 的定时功能，产生一个 1 Hz 的方波。

四、实验内容

8254 是 Intel 公司生产的可编程间隔定时器，是 8253 的改进型，比 8253 具有更优良的性能。8254 具有以下基本功能：

（1）有 3 个独立的 16 位计数器。

（2）每个计数器可按二进制或十进制（BCD）计数。

（3）每个计数器可工作于 6 种不同工作方式。

（4）8254 每个计数器允许的最高计数频率为 10 MHz（8253 为 2 MHz）。

（5）8254 有读回命令（8253 没有），除了可以读出当前计数单元的内容外，还可以读出状态寄存器的内容。

（6）计数脉冲可以是有规律的时钟信号，也可以是随机信号。计数初值公式为：

$$n=f_{CLK}/f_{OUT}$$

其中 f_{CLK} 是输入脉冲的频率，f_{OUT} 是输出波形的频率。

图 2.6.1 所示是 8254 的内部结构框图和引脚图，它是由与 CPU 的接口、内部控制电路和 3 个计数器组成。8254 的工作方式如下：

（1）方式 0：计数到 0 结束输出信号正跃变方式。

（2）方式 1：硬件可重触发单稳方式。

（3）方式 2：频率发生器方式。

（4）方式 3：方波发生器。

（5）方式 4：软件触发选通方式。

（6）方式 5：硬件触发选通方式。

8254 的控制字有两个：一个用来设置计数器的工作方式，称为方式控制字；另一个用来设置读回命令，称为读回控制字。这两个控制字共用一个地址，由标识位来区分。控制字格式见表 2.6.1 ~ 表 2.6.3。

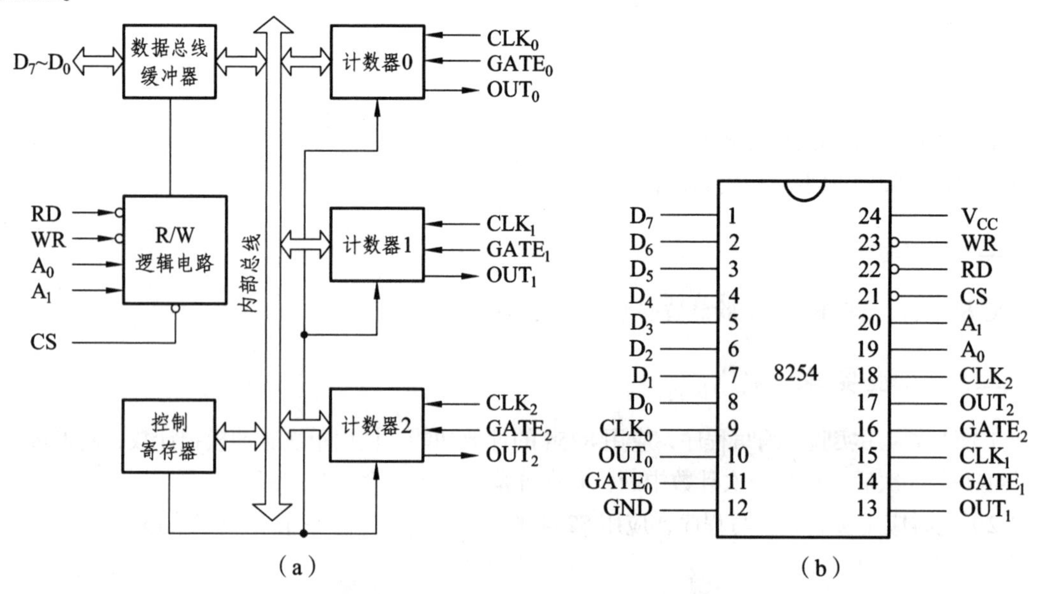

图 2.6.1　8254 的内部结构和引脚

表 2.6.1　8254 的方式控制字格式

D_7	D_6	D_5	D_4	D_3	D_2	D_1	D_0
计数器选择		读/写格式选择		工作方式选择			计数码制选择
00——计数器 0 01——计数器 1 10——计数器 2 11——读出控制字标志		00——锁存计数值 01——读/写低 8 位 10——读/写高 8 位 11——先读/写低 8 位 再读/写高 8 位		000——方式 0 001——方式 1 010——方式 2 011——方式 3 100——方式 4 111——方式 5			0——二进制计数 1——十进制计数

表 2.6.2　8254 读出控制字格式

D_7	D_6	D_5	D_4	D_3	D_2	D_1	D_0
1	1	0——锁存计数值	0——锁存状态信息	计数器选择（同方式字）			0

表 2.6.3　8254 状态字格式

D_7	D_6	D_5	D_4	D_3	D_2	D_1	D_0
OUT 引脚现行状态： 1——高电平； 0——低电平	计数初值是否装入： 1——无效计数； 0——计数有效	计数器方式（同方式控制字）					

8254 实验单元电路图如图 2.6.2 所示。

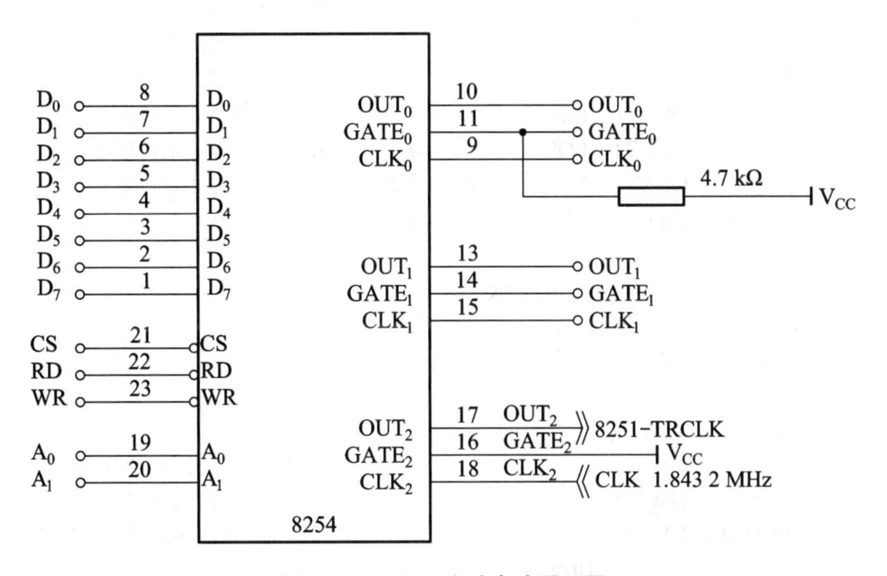

图 2.6.2　8254 实验电路原理图

五、实验步骤

1. 计数器应用实验

编写程序，将 8254 的计数器 0 设置为方式 3，计数值为十进制 4，用单次脉冲作为时钟 CLK_0，

OUT_0连接 INTR，每当“KK1+”被按动 5 次后产生中断请求，在屏幕上显示字符“5”。

具体步骤如下：

（1）按图 2.6.3 接线。

（2）运行 Tdpit 集成操作软件，根据实验内容，编写实验程序并编译、链接。

（3）运行程序，按动“KK1+”产生单次脉冲，观察实验现象。

（4）改变计数值，验证 8254 的计数功能。

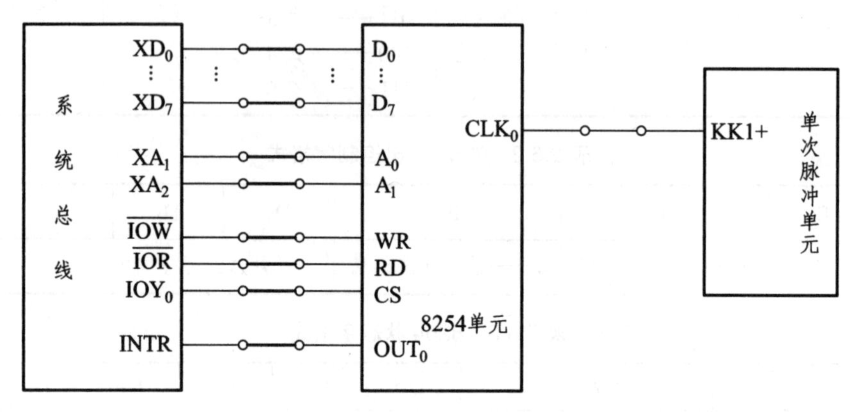

图 2.6.3　8254 计数应用实验接线图

实验参考程序：

```
INTR_IVADD      EQU   01C8H          ;INTR 对应的中断矢量地址
INTR_OCW1       EQU   0A1H           ;INTR 对应 PC 机内部 8259 的 OCW1 地址
INTR_OCW2       EQU   0A0H           ;INTR 对应 PC 机内部 8259 的 OCW2 地址
INTR_IM         EQU   0FBH           ;INTR 对应的中断屏蔽字
IOY0            EQU   3000H          ;片选 IOY0 对应的端口始地址
MY8254_COUNT0   EQU   IOY0+00H*2     ;8254 计数器 0 端口地址
MY8254_COUNT1   EQU   IOY0+01H*2     ;8254 计数器 1 端口地址
MY8254_COUNT2   EQU   IOY0+02H*2     ;8254 计数器 2 端口地址
MY8254_MODE     EQU   IOY0+03H*2     ;8254 控制寄存器端口地址

STACK1  SEGMENT  STACK
DW      256  DUP(?)
STACK1  ENDS

DATA     SEGMENT
CS_BAK   DW  ?                       ;保存 INTR 原中断处理程序入口段地址的变量
IP_BAK   DW  ?                       ;保存 INTR 原中断处理程序入口偏移地址的变量
IM_BAK   DB  ?                       ;保存 INTR 原中断屏蔽字的变量
STR1     DB  'COUNT: $'              ;显示的字符串
DATA     ENDS

CODE    SEGMENT
        ASSUME  CS:CODE,DS:DATA

START: MOV      AX,DATA
```

```
        MOV     DS,AX
        CLI

        MOV     AX,0000H                ;替换 INTR 的中断矢量
        MOV     ES,AX
        MOV     DI,INTR_IVADD
        MOV     AX,ES:[DI]
        MOV     IP_BAK,AX               ;保存 INTR 原中断处理程序入口偏移地址
        MOV     AX,OFFSET MYISR
        MOV     ES:[DI],AX              ;设置当前中断处理程序入口偏移地址

        ADD     DI,2
        MOV     AX,ES:[DI]
        MOV     CS_BAK,AX               ;保存 INTR 原中断处理程序入口段地址
        MOV     AX,SEG MYISR
        MOV     ES:[DI],AX              ;设置当前中断处理程序入口段地址

        MOV     DX,INTR_OCW1            ;设置中断屏蔽寄存器，打开 INTR 的屏蔽位
        IN      AL,DX
        MOV     IM_BAK,AL               ;保存 INTR 原中断屏蔽字
        AND     AL,INTR_IM
        OUT     DX,AL

        STI
        MOV     DX,OFFSET STR1          ;显示字符串
        MOV     AH,9
        INT     21H

        MOV     DX,MY8254_MODE          ;初始化 8254 工作方式
        MOV     AL,10H                  ;计数器 0，方式 0
        OUT     DX,AL

        MOV     DX,MY8254_COUNT0        ;装入计数初值
        MOV     AL,4
        OUT     DX,AL

WAIT1:  MOV     AH,1                    ;判断是否有按键按下
        INT     16H
        JZ      WAIT1                   ;无按键按下则跳回继续等待，有则退出

QUIT:   CLI
        MOV     AX,0000H                ;恢复 INTR 原中断矢量
        MOV     ES,AX
        MOV     DI,INTR_IVADD
        MOV     AX,IP_BAK               ;恢复 INTR 原中断处理程序入口偏移地址
        MOV     ES:[DI],AX
```

```
        ADD     DI,2
        MOV     AX,CS_BAK               ;恢复 INTR 原中断处理程序入口段地址
        MOV     ES:[DI],AX

        MOV     DX,INTR_OCW1            ;恢复 INTR 原中断屏蔽寄存器的屏蔽字
        MOV     AL,IM_BAK
        OUT     DX,AL
        STI

        MOV     AX,4C00H                ;返回 DOS
        INT     21H

        MYISR   PROC NEAR               ;中断处理程序 MYISR
        PUSH    AX
        MOV     AL,35H
        MOV     AH,0EH
        INT     10H
        MOV     AL,20H
        INT     10H

        MOV     DX,MY8254_COUNT0        ;重装计数初值
        MOV     AL,4
        OUT     DX,AL

OVER:   MOV     DX,INTR_OCW2            ;向 PC 机内部 8259 发送中断结束命令
        MOV     AL,20H
        OUT     DX,AL
        MOV     AL,20H
        OUT     20H,AL
        POP     AX
        IRET

        MYISR   ENDP

        CODE    ENDS
        END     START
```

2. 定时应用实验

编写程序，将 8254 的计数器 2 设置为方式 3，用频率为 1.843 2 MHz 信号源作为 CLK_2 时钟，计数初值为 100，相当于对 CLK_2 进行 100 分频。在 OUT_2 输出频率为 18.432 kHz 的时钟信号。将 OUT_2 连接到计数器 0 的 CLK_0，设置计数器 0 工作在方式 3，计数初值为 18 432，相当于进行 18 432 分频，则在 OUT_0 得到 1 Hz 的输出。

具体步骤如下：

（1）按图 2.6.4 接线。

（2）运行 Tdpit 集成操作软件，根据实验内容，编写实验程序并编译、链接。

（3）单元中 GATE0 已经连接了一个上拉电阻，所以 GATE0 不用连接。

（4）运行实验程序，用示波器观察输出是否为 1 Hz 方波。

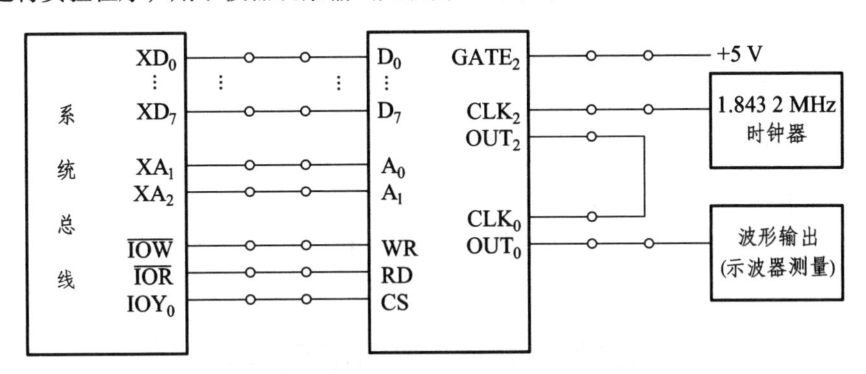

图 2.6.4　8254 定时应用实验接线图

实验参考程序：

```
        IOY0            EQU   3000H           ;片选 IOY0 对应的端口始地址
        MY8254_COUNT0   EQU   IOY0+00H*2      ;8254 计数器 0 端口地址
        MY8254_COUNT1   EQU   IOY0+01H*2      ;8254 计数器 1 端口地址
        MY8254_COUNT2   EQU   IOY0+02H*2      ;8254 计数器 2 端口地址
        MY8254_MODE     EQU   IOY0+03H*2      ;8254 控制寄存器端口地址

        STACK1  SEGMENT STACK
        DW      256   DUP(?)
        STACK1  ENDS

        CODE    SEGMENT
                ASSUME   CS:CODE

START:  MOV     DX,MY8254_MODE                ;初始化 8254 工作方式
        MOV     AL,0B6H                       ;计数器 2，方式 3
        OUT     DX,AL

        MOV     DX,MY8254_COUNT2              ;装入计数初值
        MOV     AL,64H                        ;100 分频
        OUT     DX,AL
        MOV     AL,00H
        OUT     DX,AL

        MOV     DX,MY8254_MODE                ;初始化 8254 工作方式
        MOV     AL,36H                        ;计数器 0，方式 3
        OUT     DX,AL

        MOV     DX,MY8254_COUNT0              ;装入计数初值
        MOV     AL,00H                        ;18 432 分频
        OUT     DX,AL
        MOV     AL,48H
        OUT     DX,AL

QUIT:   MOV     AX,4C00H                      ;结束程序退出
```

```
INT  21H

CODE  ENDS
END   START
```

六、预习要求

（1）复习定时/计数器的作用及定时与计数的区别；

（2）了解 8253/8254 定时/计数器的工作原理及其工作方式。

实验七　8251 串行接口应用

一、实验目的

（1）掌握 8251 的工作方式及应用；

（2）了解有关串口通信的知识；

（3）掌握使用 8251 实现双机通信的软件编程和电路连接。

二、实验设备

PC 机两台，TD-PITD 实验装置两套，示波器一台。

三、实验要求

（1）串行通信基础实验。编写程序，向串口连续发送一个数据（如 55H）。将串口输出 TXD 连接到示波器上，用示波器观察数据输出产生的波形，分析串口数据传输格式。

（2）自收自发实验。将一串数据从发送口发送出去，然后自接收并在屏幕上显示出来。

（3）双机通信应用实验。编写两个应用程序，一个给发送机使用，完成数据的发送，另一个给接收机使用，完成数据的接收。

四、实验内容

1. 8251 的基本性能

8251 是可编程的串行通信接口，可以管理信号变化范围很大的串行数据通信。它有下列基本性能：

（1）通过编程，可以工作在同步方式，也可以工作在异步方式。

（2）同步方式下，波特率为 0 ~ 64 KBaud；异步方式下，波特率为 0 ~ 19.2 KBaud。

（3）在同步方式时，可以用 5 ~ 8 位来代表字符，内部或外部同步，可自动插入同步字符。

（4）在异步方式时，也使用 5 ~ 8 位来代表字符，自动为每个数据增加一个启动位，并能够根据编程为每个数据增加 1 个、1.5 个或 2 个停止位。

（5）具有奇偶、溢出和帧错误检测能力。

（6）全双工，双缓冲器发送和接收器。

注意：8251 尽管通过了 RS-232 规定的基本控制信号，但并没有提供规定的全部信号。

2. 8251 的内部结构及外部引脚

8251 的内部结构如图 2.7.1 所示，可以看出，8251 有 7 个主要部分，即数据总线缓冲器、读/写控制逻辑电路、调制/解调控制电路、发送缓冲器、发送控制电路、接收缓冲器和接收控制电路。图中还标识出了每个部分对外的引脚。

8251 的外部引脚如图 2.7.2 所示，共 28 个引脚，每个引脚信号的输入/输出方式如图中的箭头方向所示。

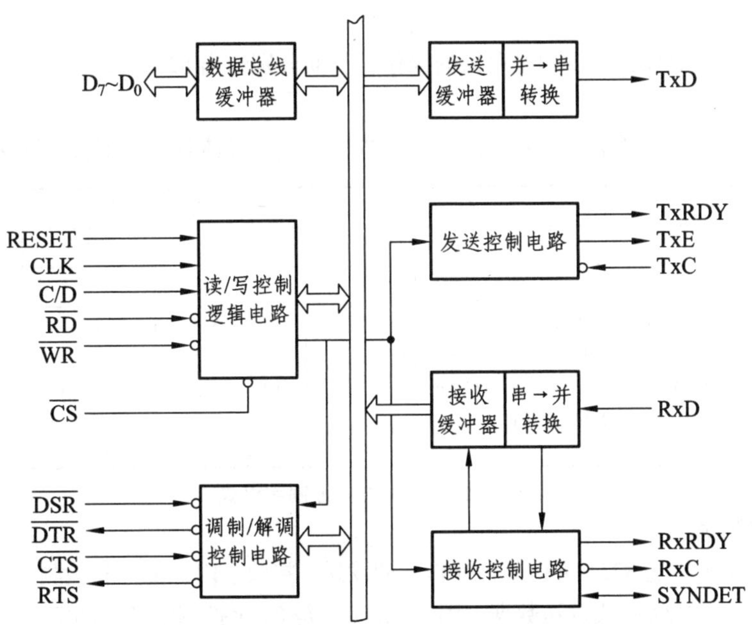

图 2.7.1　8251 内部结构图

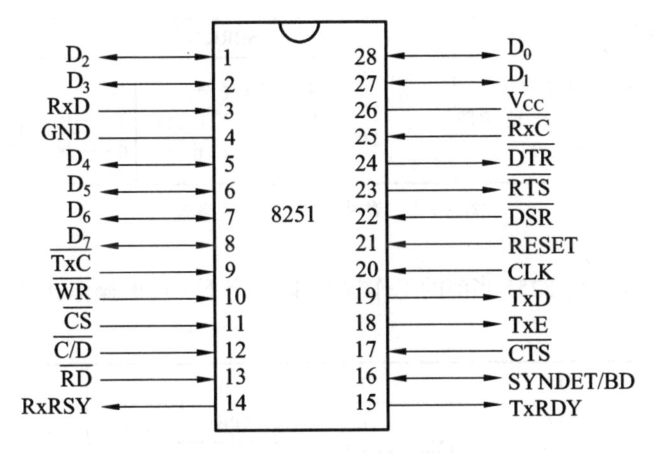

图 2.7.2　8251 外部引脚图

3. 8251 在异步方式下的 TxD 信号上的数据传输方式

图 2.7.3 所示为 8251 工作在异步方式下的 TxD 信号上的数据传输格式。数据位与停止位的位数可以由编程指定。

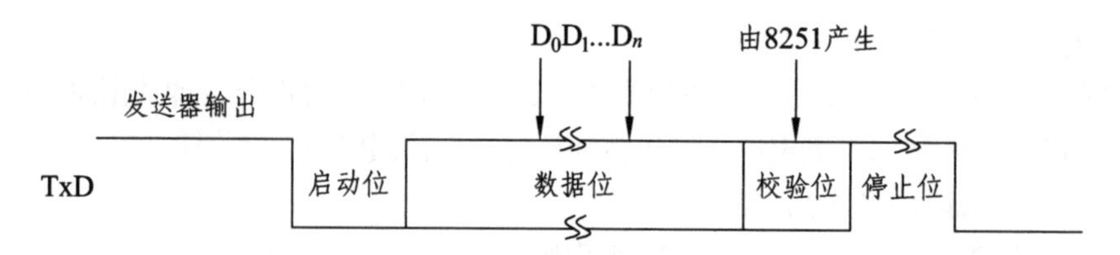

图 2.7.3　工作在异步方式下的 TXD 信号上的数据传输格式

4. 8251 的编程

对 8251 的编程就是对 8251 的寄存器的操作，下面分别给出 8251 的几个寄存器的格式。

（1）方式控制字。

方式控制字用来指定通信方式及其方式下的数据格式，具体各位的定义如图 2.7.4 所示。

D_7	D_6	D_5	D_4	D_3	D_2	D_1	D_0
SCS/S_2	ESD/S_1	EP	PEN	L_2	L_1	B_2	B_1
同步/停止位		奇偶校验		字符长度		波特率系数	
同步(D_1D_0=00): ×0——内同步 ×1——外同步 0×——双同步 1×——单同步	异步($D_1D_0 \neq 0$): 00——不用 01——1 位 10——1.5 位 11——2 位	×0——无校验 01——奇校验 11——偶校验		00——5 位 01——6 位 10——7 位 11——8 位		异步: 00——不用 01——01 10——16 11——64	同步: 00——同步标志

图 2.7.4　8251 方式控制字格式

（2）命令控制字。

命令控制字用于指定 8251 进行某种操作（如发送、接收、内部复位和检测同步字符等）或处于某种工作状态，以便接收或发送数据。图 2.7.5 所示是 8251 控制字各位的定义。

D_7	D_6	D_5	D_4	D_3	D_2	D_1	D_0
EH	IR	RTS	ER	SBRK	RxE	DTR	TxEN
进入搜索: 1——允许搜索	内部复位: 1——使 8251 返回方式控制字	请求发送: 1——使 RTS 输出 0	错误标志复位，使错误标志 PE、OE、FE 复位	发送中止字符: 1——使 TXD 为低 0——正常工作	接收允许: 1——允许 0——禁止	数据终端准备好: 1——使 DTR 输出 0	发送允许: 1——允许 0——禁止

图 2.7.5　命令控制方式字格式

（3）状态字。

CPU 通过状态字来了解 8251 当前的工作状态，以决定下一步的操作。8251 的状态字如图 2.7.6 所示。

D_7	D_6	D_5	D_4	D_3	D_2	D_1	D_0
DSR	SYNDET	FE	OE	PE	TxE	RxRDY	TxRDY
数据装置就绪：当 DSR 输入为 0 时，该位为 1	同步检测	帧错误：该标志仅用于异步方式，当在任一字符的结尾没有检测到有效的停止位时，该位置 1。此标志由命令控制字中的位 4 复位	溢出错误：在下一个字符变为可用前，CPU 没有把字符读走，此标志置 1。此错误出现时上一字符已丢失	奇偶错误：当检测到奇偶错误时此位置 1	发送器空	接收就绪：为 1 表明接收到一个字符	发送就绪：为 1 表明发送缓冲器空

图 2.7.6　8251 状态字格式

（4）系统初始化。

8251 的初始化和操作流程如图 2.7.7 所示。

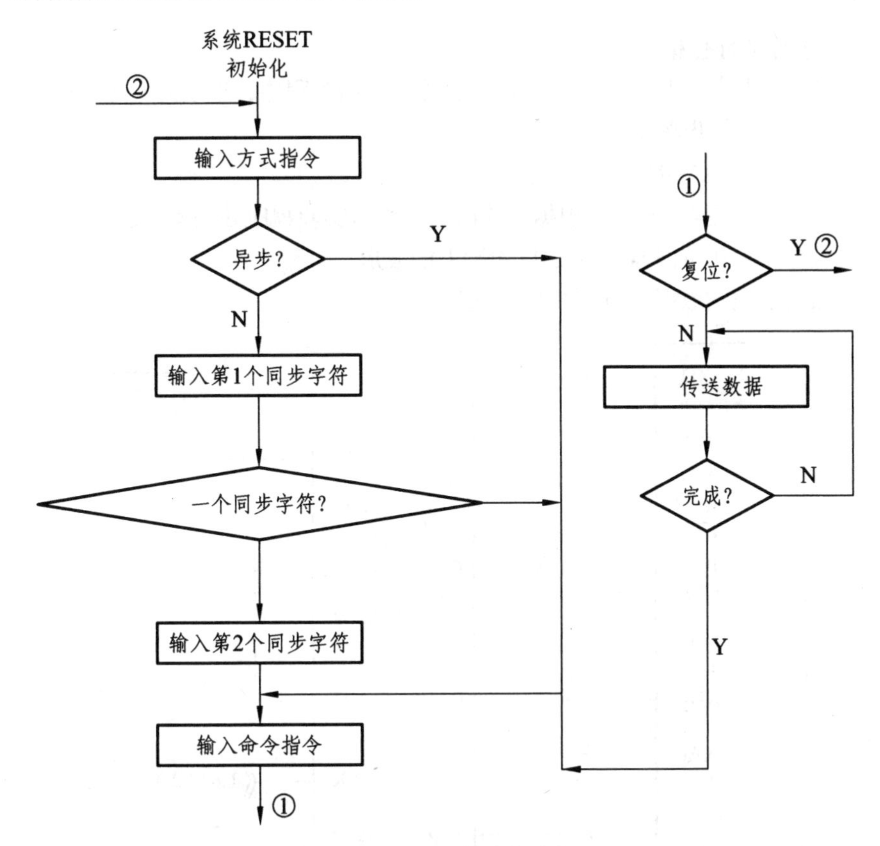

图 2.7.7　8251 初始化流程图

5. 8251 实验单元电路图（见图 2.7.8）

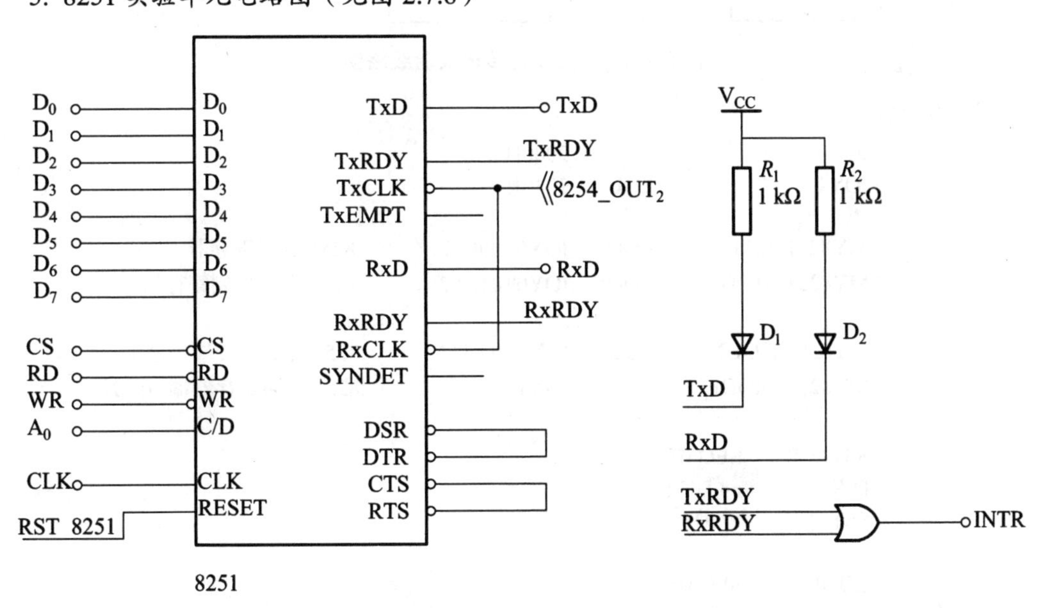

图 2.7.8　8251 实验单元电路

五、实验步骤

1. 数据信号的串行传输

发送往串口的数据会以串行格式从 TxD 引脚输出。编写程序，连续向发送寄存器写 55H，观察串行输出的格式。具体步骤如下：

（1）按图 2.7.9 连接实验线路。

（2）运行 Tdpit 集成操作软件，根据实验内容，编写实验程序并编译、链接。

（3）运行程序，使用示波器观察 TxD 引脚上的波形。

（4）可以改变发送的数据，再仔细观察波形。

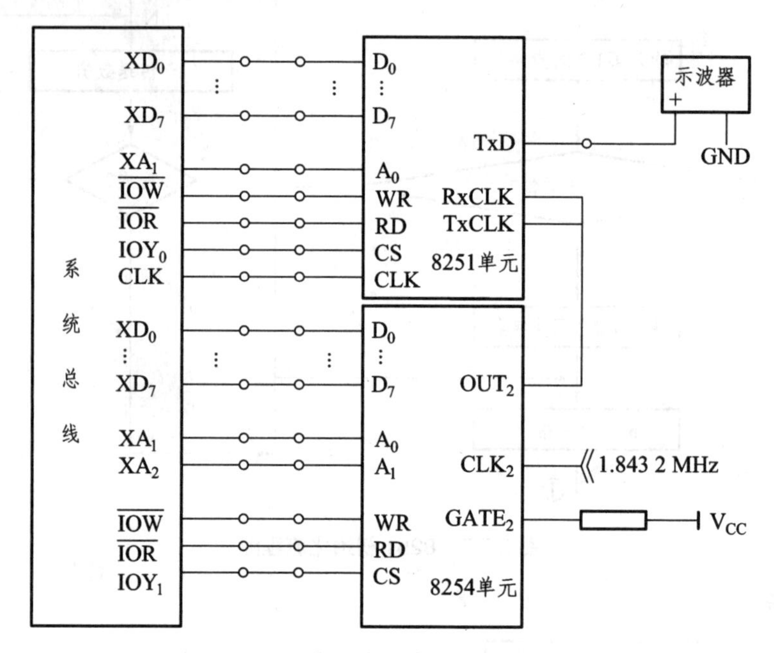

图 2.7.9　数据串行传输实验线路图

实验参考程序：

```
IOY0            EQU    3000H
IOY1            EQU    3040H

MY8251_DATA     EQU    IOY0+00H*2      ;8251 数据寄存器
MY8251_MODE     EQU    IOY0+01H*2      ;8251 方式控制寄存器

MY8254_COUNT2   EQU    IOY1+02H*2      ;8254 计数器 2 端口地址
MY8254_MODE     EQU    IOY1+03H*2      ;8254 控制寄存器端口地址

SSTACK    SEGMENT STACK
DW        64 DUP(?)
SSTACK    ENDS

CODE      SEGMENT
          ASSUME   CS:CODE
```

```
START:  CALL    INIT
A1:     CALL    SEND
        MOV     CX, 0600H
A2:     MOV     AX, 6000H
A3:     DEC     AX
        JNZ     A3
        LOOP    A2

        MOV     AH,1                ;判断是否有按键按下
        INT     16H
        JZ      A1                  ;无键按下则跳回继续循环，有则退出

QUIT:   MOV     AX,4C00H            ;结束程序退出
        INT     21H

INIT:   MOV     AL, 0B6H            ;初始化 8254，设置通信时钟
        MOV     DX, MY8254_MODE
        OUT     DX, AL
        MOV     AL, 0CH
        MOV     DX, MY8254_COUNT2
        OUT     DX, AL
        MOV     AL, 00H
        OUT     DX, AL

        CALL    RESET               ;对 8251 进行初始化
        CALL    DALLY
        MOV     AL, 7EH
        MOV     DX, MY8251_MODE     ;写 8251 方式字
        OUT     DX, AL
        CALL    DALLY
        MOV     AL, 34H
        OUT     DX, AL              ;写 8251 控制字
        CALL    DALLY
        RET

RESET:  MOV     AL, 00H             ;初始化 8251 子程序
        MOV     DX, MY8251_MODE     ;控制寄存器
        OUT     DX, AL
        CALL    DALLY
        OUT     DX, AL
        CALL    DALLY
        OUT     DX, AL
        CALL    DALLY
        MOV     AL, 40H
        OUT     DX, AL
        RET

DALLY:  PUSH    CX
        MOV     CX, 5000H
A4:     PUSH    AX
```

```
        POP     AX
        LOOP    A4
        POP     CX
        RET

SEND:   PUSH    AX
        PUSH    DX
        MOV     AL, 31H
        MOV     DX, MY8251_MODE
        OUT     DX, AL
        MOV     AL, 55H
        MOV     DX, MY8251_DATA          ;发送数据 55H
        OUT     DX, AL
        POP     DX
        POP     AX
        RET
        CODE    ENDS
        END     START
```

2. 自发自收实验

通过自收自发实验，可以验证硬件及软件设计，常用于自测试。实验要求向发送端口发送一组字符串“Self-Communication by 8251!”，然后从接收端口进行接收，将接收到的数据显示在显示器屏幕上。

具体实验步骤如下：

（1）按图 2.7.10 连接实验线路。

（2）运行 Tdpit 集成操作软件，根据实验内容，编写实验程序并编译、链接。

（3）运行程序，观察屏幕数据显示，看接收是否正确。

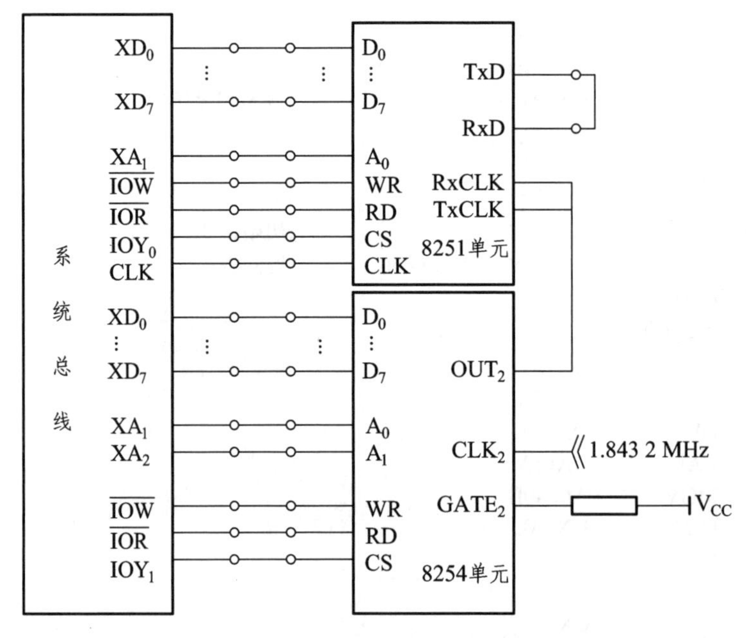

图 2.7.10 自收自发实验接线图

实验参考程序：

```
        IOY0     EQU    3000H
        IOY1     EQU    3040H

        MY8251_DATA      EQU    IOY0+00H*2        ;8251 数据寄存器
        MY8251_MODE      EQU    IOY0+01H*2        ;8251 方式控制寄存器

        MY8254_COUNT2    EQU    IOY1+02H*2        ;8254 计数器 2 端口地址
        MY8254_MODE      EQU    IOY1+03H*2        ;8254 控制寄存器端口地址

        SSTACK   SEGMENT   STACK
        DW        64   DUP(?)
        SSTACK   ENDS

        DATA     SEGMENT
        STR1     DB   'Self-Communication by 8251!$'      ;字符串
        DATA     ENDS

        CODE     SEGMENT
                 ASSUME    CS:CODE

START:  MOV      AX, DATA
        MOV      DS, AX
        MOV      AL, 0B6H                    ;初始化 8254，得到收发时钟
        MOV      DX, MY8254_MODE
        OUT      DX, AL
        MOV      AL, 0CH
        MOV      DX, MY8254_COUNT2
        OUT      DX, AL
        MOV      AL, 00H
        OUT      DX, AL

        CALL     INIT                        ;初始化 8251
        CALL     DALLY
        MOV      AL,7EH
        MOV      DX, MY8251_MODE
        OUT      DX, AL                      ;8251 方式字
        CALL     DALLY
        MOV      AL, 34H
        OUT      DX, AL                      ;8251 控制字
        CALL     DALLY

        MOV      CX, 001BH                   ;10 个数
        MOV      BX, OFFSET STR1
A1:     MOV      AL, 37H
        MOV      DX, MY8251_MODE
        OUT      DX, AL
        MOV      AL, [BX]
        MOV      DX, MY8251_DATA
```

```
        OUT     DX, AL                  ;发送数据

        MOV     DX, MY8251_MODE
A2:     IN      AL, DX                  ;判断发送缓冲是否为空
        AND     AL, 01H
        JZ      A2
        CALL    DALLY
A3:     IN      AL, DX                  ;判断是否接收到数据
        AND     AL, 02H
        JZ      A3

        MOV     DX, MY8251_DATA
        IN      AL, DX                  ;读取接收到的数据并显示
        MOV     DL,AL
        MOV     AH,02H
        INT     21H
        INC     BX
        LOOP    A1

A4:     MOV     AH,1                    ;判断是否有按键按下
        INT     16H
        JZ      A4                      ;无键按下则跳回继续循环，有则退出

        MOV     AX,4C00H
        INT     21H

INIT:   MOV     AL, 00H                 ;复位 8251 子程序
        MOV     DX, MY8251_MODE
        OUT     DX, AL
        CALL    DALLY
        OUT     DX, AL
        CALL    DALLY
        OUT     DX, AL
        CALL    DALLY
        MOV     AL, 40H
        OUT     DX, AL
        RET

DALLY:  PUSH    CX
        MOV     CX,3000H
A5:     PUSH    AX
        POP     AX
        LOOP    A5
        POP     CX
        RET
        CODE    ENDS
        END     START
```

3. 双机通信实验

双机通信实验接线图如图 2.7.11 所示，使用两台实验装置，一台为发送机，另一台为接收机。

具体实验步骤如下：

（1）按图 2.7.11 连接实验线路。

（2）运行 Tdpit 集成操作软件，根据实验内容，为两台机器分别编写实验程序并编译、链接。

（3）首先运行接收机上的程序，等待接收数据，然后运行发送机上的程序，将数据发送到串口。

（4）观察接收机端屏幕上的显示是否与发送机端初始的数据相同，验证程序功能。

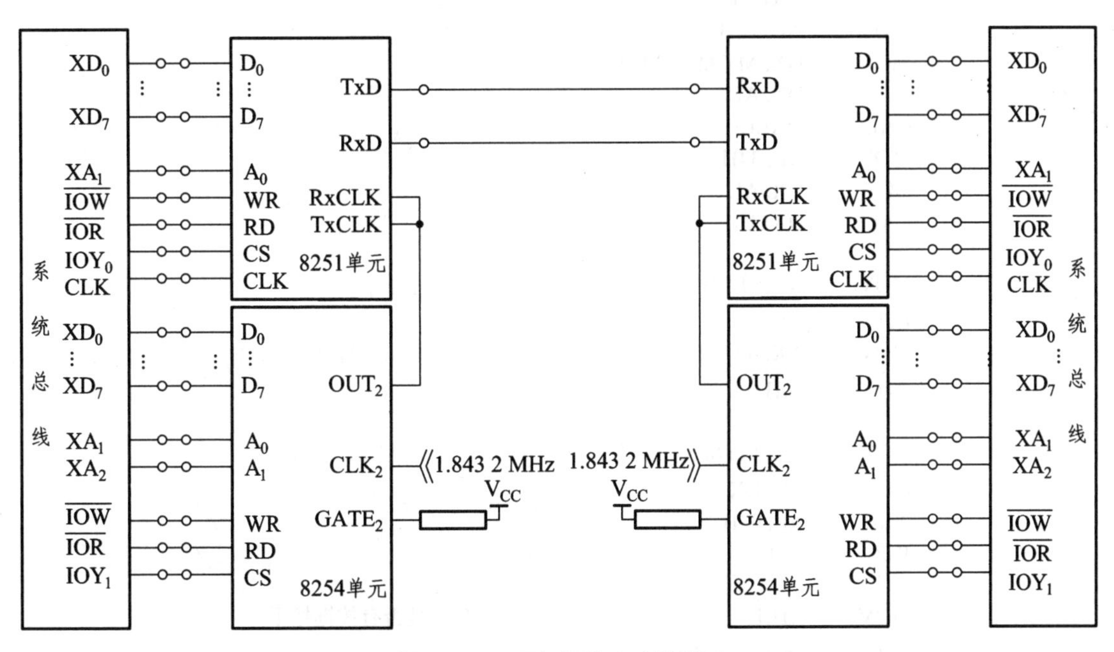

图 2.7.11 双机通信实验接线图

实验参考程序（接收机）：

```
            IOY0        EQU     3000H
            IOY1        EQU     3040H

            MY8251_DATA      EQU     IOY0+00H*2       ;8251 数据寄存器
            MY8251_MODE      EQU     IOY0+01H*2       ;8251 方式控制寄存器

            MY8254_COUNT2    EQU     IOY1+02H*2       ;8254 计数器 2 端口地址
            MY8254_MODE      EQU     IOY1+03H*2       ;8254 控制寄存器端口地址

            SSTACK      SEGMENT STACK
            DW          64 DUP(?)
            SSTACK      ENDS

            CODE        SEGMENT
                        ASSUME   CS:CODE

START:      MOV         AL, 0B6H                      ;初始化 8254
            MOV         DX, MY8254_MODE
            OUT         DX, AL
```

```
        MOV     AL, 0CH
        MOV     DX, MY8254_COUNT2
        OUT     DX, AL
        MOV     AL, 00H
        OUT     DX, AL

        CALL    INIT                        ;初始化 8251
        CALL    DALLY
        MOV     AL, 7EH
        MOV     DX, MY8251_MODE
        OUT     DX, AL
        CALL    DALLY
        MOV     AL, 34H
        OUT     DX, AL
        CALL    DALLY

        MOV     AX, 0E52H                   ;输出显示字符 ‘R’
        INT     10H
        MOV     AX, 0E3AH                   ;输出显示字符 ‘:’
        INT     10H

A1:     MOV     DX, MY8251_MODE             ;判断是否有数据接收
        IN      AL, DX
        AND     AL, 02H
        JNZ     A11

        MOV     AH,1                        ;判断是否有按键按下
        INT     16H
        JZ      A1                          ;无按键按下则跳回继续循环，有则退出

QUIT:   MOV     AX,4C00H                    ;结束程序退出
        INT     21H

A11:    MOV     DX, MY8251_DATA
        IN      AL, DX                      ;读取数据并显示
        MOV     DL, AL
        MOV     AH, 02H
        INT     21H
        JMP     A1

INIT:   MOV     AL, 00H                     ;复位 8251 子程序
        MOV     DX, MY8251_MODE
        OUT     DX, AL
        CALL    DALLY
        OUT     DX, AL
        CALL    DALLY
        OUT     DX, AL
        CALL    DALLY
        MOV     AL, 40H
        OUT     DX, AL
```

```
        RET

DALLY:  PUSH    CX
        MOV     CX, 3000H
A3:     PUSH    AX
        POP     AX
        LOOP    A3
        POP     CX
        RET
        CODE    ENDS
        END     START
```

实验参考程序（发送机）：

```
        IOY0        EQU     3000H
        IOY1        EQU     3040H

        MY8251_DATA     EQU     IOY0+00H*2          ;8251 数据寄存器
        MY8251_MODE     EQU     IOY0+01H*2          ;8251 方式控制寄存器

        MY8254_COUNT2   EQU     IOY1+02H*2          ;8254 计数器 2 端口地址
        MY8254_MODE     EQU     IOY1+03H*2          ;8254 控制寄存器端口地址

        SSTACK  SEGMENT STACK
        DW      64 DUP(?)
        SSTACK  ENDS

        DATA    SEGMENT
        AA      DB  2FH
        DATA    ENDS

        CODE    SEGMENT
        ASSUME  CS:CODE,DS:DATA

START:  MOV     AX,DATA
        MOV     DS,AX
        MOV     AL, 0B6H                            ;初始化 8254，得到收发时钟
        MOV     DX, MY8254_MODE
        OUT     DX, AL
        MOV     AL, 0CH
        MOV     DX, MY8254_COUNT2
        OUT     DX, AL
        MOV     AL, 00H
        OUT     DX, AL

        CALL    INIT                                ;初始化 8251
        CALL    DALLY
        MOV     AL, 7EH
        MOV     DX, MY8251_MODE
        OUT     DX, AL                              ;8251 方式字
        CALL    DALLY
        MOV     AL, 34H
```

```
        OUT     DX, AL                      ;8251 控制字
        CALL    DALLY

A1:     INC     AA
        MOV     AL, AA
        CALL    SEND
        CALL    DALLY
        CMP     AA,39H
        JNZ     A1
        MOV     AX,4C00H
        INT     21H

INIT:   MOV     AL, 00H                     ;复位 8251 子程序
        MOV     DX, MY8251_MODE
        OUT     DX, AL
        CALL    DALLY
        OUT     DX, AL
        CALL    DALLY
        OUT     DX, AL
        CALL    DALLY
        MOV     AL, 40H
        OUT     DX, AL
        RET

        DALLY   PROC NEAR                   ;软件延时子程序
        PUSH    CX
        PUSH    AX
        MOV     CX,0FFFH
D1:     MOV     AX,0FFFH
D2:     DEC     AX
        JNZ     D2
        LOOP    D1
        POP     AX
        POP     CX
        RET
        DALLY   ENDP

SEND:   PUSH    DX                          ;数据发送子程序
        PUSH    AX
        MOV     AL, 31H
        MOV     DX, MY8251_MODE
        OUT     DX, AL
        POP     AX
        MOV     DX, MY8251_DATA
        OUT     DX, AL
        MOV     DX, MY8251_MODE
A3:     IN      AL, DX
        AND     AL, 01H
        JZ      A3
        POP     DX
```

```
        RET
CODE    ENDS
END     START
```

六、预习要求

（1）通过与并行接口技术进行比较，了解串口技术的优缺点；

（2）掌握 8251 芯片工作原理以及设置方法；

（3）了解如何通过 8251 实现双机通信。

实验八　A/D 转换

一、实验目的

（1）理解模/数（A/D）信号转换的基本原理；

（2）掌握 A/D 转换芯片 ADC0809 的使用方法。

二、实验设备

PC 机一台，TD-PITD 实验装置一套。

三、实验要求

编写实验程序，将 ADC 单元中提供的 0 ~ 5 V 信号源作为 ADC0809 的模拟输入量，进行 A/D 转换，转换结果通过变量进行显示。

四、实验内容

ADC0809 包括一个 8 位的逐次逼近型 ADC 部分，并提供一个 8 通道的模拟多路开关和联合寻址逻辑。用它可以直接输入 8 个单端的模拟信号，分时进行 A/D 转换，在多点巡回检测、过程控制等应用领域中使用非常广泛。ADC0809 的主要技术指标为：

（1）分辨率：8 位。

（2）单电源：+5 V。

（3）总的不可调误差：+1 LSB。

（4）转换时间：取决于时钟频率。

（5）模拟输入范围：单极性 0 ~ 5 V。

（6）时钟频率范围：10 ~ 1 280 kHz。

ADC0809 的外部引脚如图 2.8.1 所示，地址信号与选中通道的关系如表 2.8.1 所示。

ADC0809

引脚	名称	名称	引脚
1	IN_3	IN_2	28
2	IN_4	IN_1	27
3	IN_5	IN_0	26
4	IN_6	ADD_A	25
5	IN_7	ADD_B	24
6	START	ADD_C	23
7	EOC	ALE	22
8	D_3	D_7	21
9	OE	D_6	20
10	CLOCK	D_5	19
11	V_{CC}	D_4	18
12	$V_{REF(+)}$	D_0	17
13	GND	$V_{REF(-)}$	16
14	D_1	D_2	15

图 2.8.1　ADC0809 外部引脚图

表 2.8.1　地址信号与选中通道的关系

地址			选中通道
A	B	C	
0	0	0	IN0
0	0	1	IN1
0	1	0	IN2
0	1	1	IN3
1	0	0	IN4
1	0	1	IN5
1	1	0	IN6
1	1	1	IN7

A/D 转换单元电路如图 2.8.2 所示。

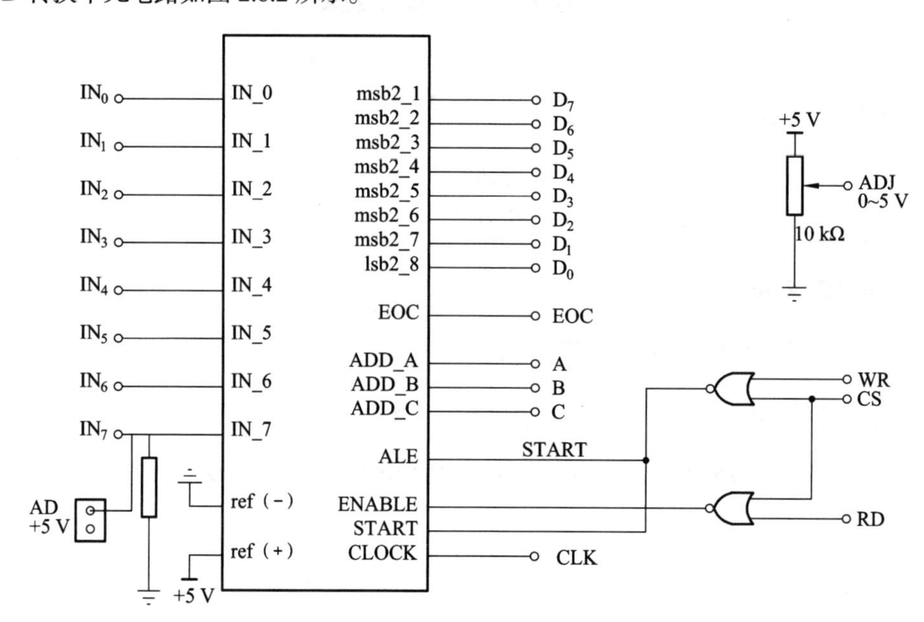

图 2.8.2　A/D 转换电路

五、实验步骤

（1）按图 2.8.3 连接实验线路；

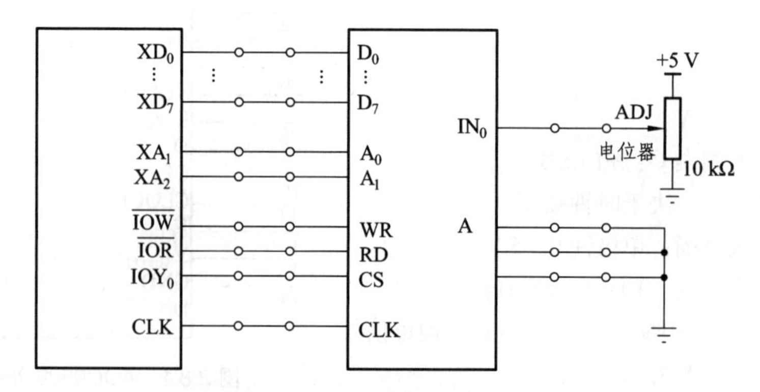

图 2.8.3　A/D 转换实验接线图

（2）运行 Tdpit 集成操作软件，根据实验内容，编写实验程序并编译、链接；

（3）运行程序，调节电位器，观察屏幕上显示的数字量输出。

实验参考程序：

```
          IOY0     EQU        3000H            ;片选 IOY0 对应的端口始地址
          AD0809   EQU        IOY0+00H         ;AD0809 的端口地址
          STACK1   SEGMENT STACK
          DW       256 DUP(?)
          STACK1   ENDS
          DATA     SEGMENT
          STR1     DB  'AD0809:IN0  $'         ;定义显示的字符串
          DATA     ENDS
          CODE     SEGMENT
                   ASSUME   CS:CODE,DS:DATA
START: MOV         AX,DATA
       MOV         DS,AX
LOOP1: MOV         DX,AD0809                   ;启动 A/D 转换
       OUT         DX,AL
       CALL        DALLY
       MOV         DX,OFFSET STR1              ;显示字符串 AD0809:IN0
       MOV         AH,9
       INT         21H
       MOV         DX,AD0809                   ;读出转换结果
       IN          AL,DX
       MOV         CH,AL                       ;分析结果进行显示
       AND         AL,0F0H
       MOV         CL,04H
       SHR         AL,CL                       ;取出数据的十位
       CMP         AL,09H
       JG          A1
       ADD         AL,30H
       JMP         A2
A1:    ADD         AL,37H                      ;对 A～F 的处理
A2:    MOV         DL,AL                       ;对 0～9 的处理
       MOV         AH,02H
       INT         21H
       MOV         AL,CH
       AND         AL,0FH                      ;取出数据的个位
       CMP         AL,09H
       JG          A3
       ADD         AL,30H
       JMP         A4
A3:    ADD         AL,37H                      ;对 A～F 的处理
A4:    MOV         DL,AL                       ;对 0～9 的处理
       MOV         AH,02H
       INT         21H
       MOV         DL,0DH                      ;回车，置光标到行首
       MOV         AH,02H
       INT         21H
```

```
            MOV     AH,1                          ;判断是否有按键按下
            NT      16H
            JZ      LOOP1                         ;无按键按下则跳回继续循环，有则退出
    QUIT:   MOV     AX,4C00H                      ;结束程序退出
            INT     21H
            DALLY   PROC NEAR                     ;软件延时子程序
            PUSH    CX
            PUSH    AX
            MOV     CX,4000H
    D1:     MOV     AX,0600H
    D2:     DEC     AX
            JNZ     D2
            LOOP    D1
            POP     AX
            POP     CX
            RET
            DALLY   ENDP
            CODE    ENDS
            END     START
```

六、预习要求

（1）复习 A/D 转换原理，进一步掌握 A/D 转换接口芯片的功能；

（2）掌握芯片内部结构以及如何通过设置内部寄存器进行转换。

实验九　D/A 转换

一、实验目的

（1）学习 D/A 转换的基本原理；

（2）掌握 DAC0832 的使用方法。

二、实验设备

PC 机一台，TD-PITD 实验装置一套，示波器一台。

三、实验要求

设计实验电路图、实验线路并编写程序，实现 D/A 转换。输入数字量由程序给出，要求产生方波和三角波，并用示波器观察输出模拟信号的波形。

四、实验内容

D/A 转换器是一种将数字量转换成模拟量的器件，其特点是：接收、保持和转换的数字信息，不存在随温度、时间漂移的问题，其电路抗干扰性较好。

DAC0832 是 8 位芯片，采用 CMOS 工艺和 R-2RT 形电阻解码网络，转换结果为一对差动电

流 I_{OUT1} 和 I_{OUT2}。其主要性能参数如表 2.9.1 所示，引脚如图 2.9.1 所示。

表 2.9.1　DAC0832 性能参数

性能参数	参数值
分辨率	8 位
单电源	+5～+15 V
参考电压	+10～10 V
转换时间	1 μs
满刻度误差	±1 LSB
数据输入电平	与 TTL 电平兼容

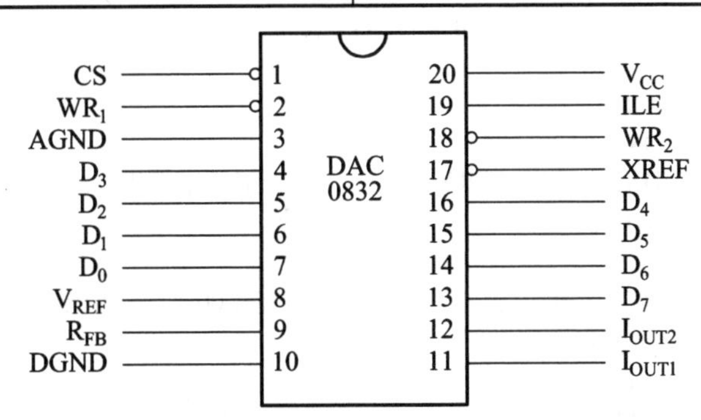

图 2.9.1　DAC0832 引脚图

D/A 转换单元实验电路图如图 2.9.2 所示。

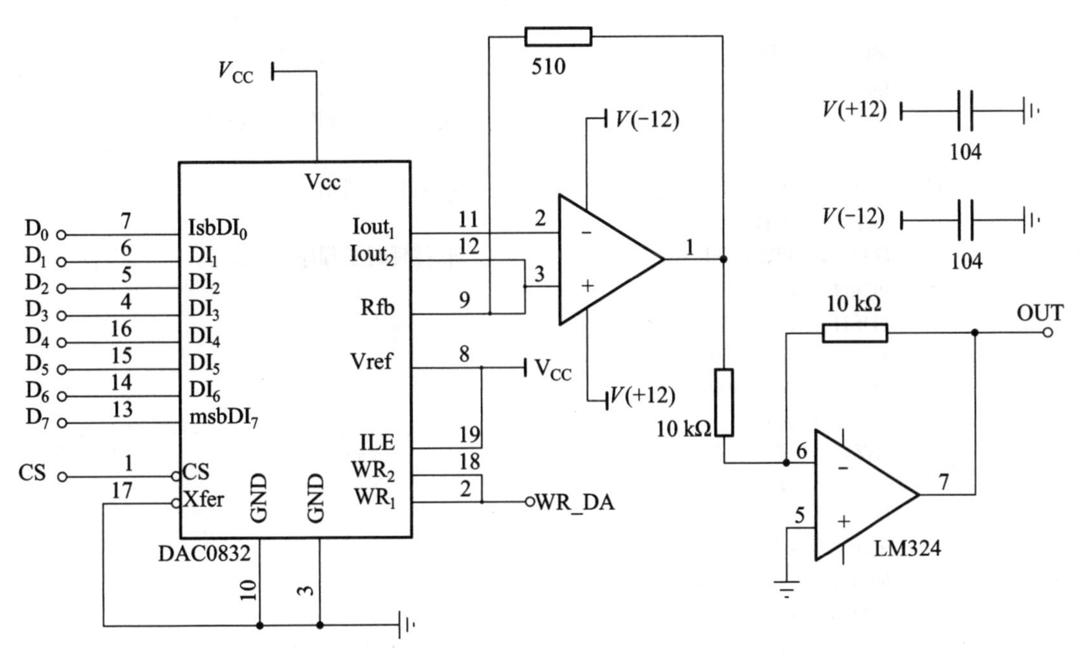

图 2.9.2　D/A 转换单元实验电路图

实验参考程序：

```
        IOY0     EQU       3000H          ;片选 IOY0 对应的端口始地址
        DA0832   EQU       IOY0+00H*2     ;DA0832 的端口地址

        STACK1   SEGMENT STACK
        DW       256 DUP(?)
        STACK1   ENDS

        DATA     SEGMENT
        STR1     DB  'DA0832: Square Wave $'   ;定义显示的字符串
        DATA     ENDS

        CODE     SEGMENT
                 ASSUME CS:CODE,DS:DATA

START:  MOV      AX,DATA
        MOV      DS,AX
        MOV      DX,OFFSET STR1       ;显示字符串
        MOV      AH,9
        INT      21H
LOOP1:  MOV      DX,DA0832            ;写 00H，输出低电平
        MOV      AL,00H
        OUT      DX,AL
        CALL     DALLY
        MOV      DX,DA0832            ;写 0FH，输出高电平
        MOV      AL,7FH
        OUT      DX,AL
        CALL     DALLY
        MOV      AH,1                 ;判断是否有按键按下
        INT      16H
        JZ       LOOP1                ;无按键按下则跳回继续循环，有则退出

QUIT:   MOV      AX,4C00H             ;结束程序退出
        INT      21H
        DALLY    PROC NEAR            ;软件延时子程序
        PUSH     CX
        PUSH     AX
        MOV      CX,0050H
D1:     MOV      AX,5000H
D2:     DEC      AX
        JNZ      D2
        LOOP     D1
        POP      AX
        POP      CX
        RET
        DALLY    ENDP
        CODE     ENDS
        END      START
```

五、实验步骤

（1）按图 2.9.3 连接实验线路。

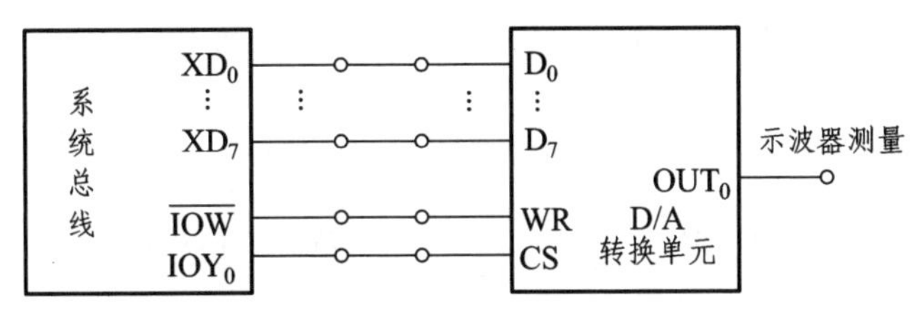

图 2.9.3　D/A 转换实验接线图

（2）运行 Tdpit 集成操作软件，根据实验内容，编写实验程序并编译、链接。

（3）运行程序，用示波器测量 D/A 转换的输出，观察实验现象。

（4）自行编写实验程序，产生三角波，使用示波器观察输出，验证程序功能。

产生三角波的参考程序如下：

```
            IOY0        EQU     3000H           ;片选 IOY0 对应的端口始地址
            DA0832      EQU     IOY0+00H*2      ;DA0832 的端口地址

            STACK1  SEGMENT STACK
            DW       256 DUP(?)
            STACK1  ENDS

            DATA    SEGMENT
            STR1    DB   'DA0832: Triangle Wave $'   ;定义显示的字符串
            DATA    ENDS

            CODE    SEGMENT
                    ASSUME   CS:CODE,DS:DATA

    START:  MOV     AX,DATA
            MOV     DS,AX

            MOV     DX,OFFSET STR1              ;显示字符串
            MOV     AH,9
            INT     21H

    LOOP1:  MOV     AL,00H                      ;D/A 转换起始值
    UP:     MOV     DX,DA0832                   ;启动 D/A 转换
            OUT     DX,AL
            CALL    DALLY
            INC     AL
            CMP     AL,7FH
            JNE     UP

    DOWN:   MOV     DX,DA0832
            OUT     DX,AL
            CALL    DALLY
```

```
            DEC     AL
            CMP     AL,00H
            JNE     DOWN

            MOV     AH,1                    ;判断是否有按键按下
            INT     16H
            JZ      LOOP1                   ;无按键按下则跳回继续循环，有则退出

QUIT:       MOV     AX,4C00H                ;结束程序退出
            INT     21H

            DALLY   PROC   NEAR             ;软件延时子程序
            PUSH    CX
            PUSH    AX
            MOV     CX,0010H
D1:         MOV     AX,0100H
D2:         DEC     AX
            JNZ     D2
            LOOP    D1
            POP     AX
            POP     CX
            RET
            DALLY   ENDP

            CODE    ENDS
            END     START
```

六、预习要求

（1）掌握 DAC0832 芯片内部结构及工作原理；

（2）看懂实验程序，并在此基础上调试程序。

实验十　8255 并行接口与交通灯控制

一、实验目的

（1）通过并行接口 8255 实现十字路口交通灯的模拟控制；

（2）熟练掌握 8255 可编程并行接口的编程方法。

二、实验设备

PC 机一台，TD-PITD 实验装置一套，示波器一台。

三、实验要求

编写程序模拟交通信号灯的工作，利用实验台上的 8255 并行接口芯片的端口 A、端口 B 或端口 C 控制实验台上的红、黄、绿这 6 个发光二极管按照十字路口交通灯的规律交替发光，当按下

任意键则停止运行。

四、实验内容

8255 有 3 个 8 位数据端口，可任选一个端口来实现本实验。

若采用端口 C,则作为南北路口交通灯的发光二极管,分别与并行接口 8255 的引脚 PC7、PC6、PC5 相连，作为东西路口交通灯的发光二极管，分别与并行接口 8255 的引脚 PC2、PC1 和 PC0 相连。

编程时应设定好 8255 的工作模式，使端口均工作于方式 0，处于输出状态。

要完成本实验，首先必须了解交通信号灯的亮灭规律。十字路口交通信号灯的变化规律为：

（1）南北路口的绿灯、东西路口的红灯同时亮 10 s 左右；

（2）南北路口的黄灯闪烁若干次，同时东西路口的红灯继续亮；

（3）南北路口的红灯、东西路口的绿灯同时亮 10 s 左右；

（4）南北路口的红灯继续亮，同时东西路口的黄灯闪烁若干次；

（5）转到（1），重复。

为使编程方便，编程时在数据段预先定义交通灯的 6 种可能的状态数据，用于控制 3 次亮/灭的过程，以达到闪烁的效果。

绿灯亮时的延时常数可设为 0E000 × 9000（长延时），绿灯不亮时的延时常数可设定为 2000 × 9000（短延时），延时程序段用两层循环实现。（注：延时常数可根据计算机的运算速度进行适当调整。）

发光二极管为共阴极，使其点亮应使 8255A 相应端口的相应位送 1，否则送 0。

实验参考程序如下：

```
            IOY0          EQU    3000H          ;片选 IOY0 对应的端口始地址
            MY8255_A      EQU    IOY0+00H*2     ;8255 的 A 口地址
            MY8255_B      EQU    IOY0+01H*2     ;8255 的 B 口地址
            MY8255_C      EQU    IOY0+02H*2     ;8255 的 C 口地址
            MY8255_MODE   EQU    IOY0+03H*2     ;8255 的控制寄存器地址

            STACK1   SEGMENT STACK
            DW       256   DUP(?)
            STACK1   ENDS

            CODE     SEGMENT
                     ASSUME   CS:CODE

START:      MOV      DX,MY8255_MODE   ;初始化 8255 工作方式
            MOV      AL,80H           ;工作方式 0，A 口输出，B 口输入
            OUT      DX,AL

BEGIN:      MOV      DX,8255_C
            MOV      AL,44H
            OUT      DX,AL            ;南北路口的绿灯、东西路口的红灯同时亮 10 s 左右；
            CALL     DELAY1
            MOV      CX,8
```

```
BLINK1: MOV     AL,24H
        OUT     DX,AL
        CALL    DELAY2
        MOV     AL,04H
        OUT     DX,AL
        CALL    DELAY2
        DEC     CX
        JNZ     BLINK1
        MOV     AL,82H
        OUT     DX,AL
        CALL    DELAY1
        MOV     CX,8
BLINK2: MOV     AL,81H
        OUT     DX,AL
        CALL    DELAY2
        MOV     AL,80H
        OUT     DX,AL
        CALL    DELAY2
        DEC     CX
        JNZ     BLINK2
        JMP     BEGIN
        DELAY1  PROC   NEAR
        PUSH    CX
        PUSH    AX
        MOV     CX,0E000H
D1:     MOV     AX,9000H
D2:     DEC     AX
        JNZ     D2
        LOOP    D1
        POP     AX
        POP     CX
        RET
        DELAY1  ENDP

        DELAY2  PROC NEAR
        PUSH    CX
        PUSH    AX
        MOV     CX,3000H
D1:     MOV     AX,2000H
D2:     DEC     AX
        JNZ     D2
        LOOP    D1
        POP     AX
        POP     CX
        RET
        DELAY2  ENDP
        CODE    ENDS
        END     START
```

五、预习要求

（1）复习 8255 编程模式和 A 口、B 口及 C 口的特点；

（2）分析交通灯工作机制，并思考如何利用 8255 实现对交通灯的控制。

实验十一　电子发声电路设计

一、实验目的

学习用 8254 定时/计数器使蜂鸣器发声的编程方法。

二、实验设备

PC 机一台，TD-PITD 实验装置一套。

三、实验要求

根据实验提供的音乐频率表和时间表，编写程序控制 8254，使其输出控制扬声器上能发出相应的乐曲。

四、实验内容

一个音符对应一个频率，将对应一个音符频率的方波输入扬声器，就可以使其发出这个音符的声音。将一段乐曲的音符对应频率的方波依次输入扬声器，就可以演奏出这段乐曲。利用 8254 的方式 3——“方波发生器”，将相应频率的计数初值写入计数器，就可产生对应频率的方波。计数初值计算方法如下：

$$计数初值 = 输入时钟 \div 输出频率$$

例如输入时钟采用 1 MHz，要得到 800 Hz 的频率，计数初值即为 1 000 000 ÷ 800。音符与频率对照关系如表 2.11.1 所列。每一个音符的演奏时间，可以通过软件延时来处理。首先确定单位延时时间程序（根据 CPU 的频率不同而有所变化），然后确定每个音符需要演奏几个单位时间，并将这个值送入 DL 中，调用 DALLY 子程序即可。

```
；单位延时时间
    DALLY   PROC
D0：MOV     CX，200H
D1：MOV     AX，0FFFFH
D2：DEC     AX
    JNZ     D2
    LOOP    D1
    RET
    DALLY   ENDP
；N 个单位延时时间（N 送至 DL）
    DALLY   PROC
D0：MOV     CX,200H
```

```
D1：MOV      AX,0FFFFH
D2：DEC      AX
    JNZ      D2
    LOOP     D1
    DEC      DL
    JNZ D0
    RET
    DALLY    ENDP
```

表 2.11.1　音符与频率对照表

音调＼音符/频率	1̣	2̣	3̣	4̣	5̣	6̣	7̣
A	221	248	278	294	330	371	416
B	248	278	312	330	371	416	467
C	131	147	165	175	196	221	248
D	147	165	185	196	221	248	278
E	165	185	208	221	248	278	312
F	175	196	221	234	262	294	330
G	196	221	248	262	294	330	371

音调＼音符/频率	1	2	3	4	5	6	7
A	441	495	556	589	661	742	833
B	495	556	624	661	742	833	935
C	262	294	330	350	393	441	495
D	294	330	371	393	441	495	556
E	330	371	416	441	495	556	624
F	350	393	441	467	525	589	661
G	393	441	495	525	589	661	742

音调＼音符/频率	1̇	2̇	3̇	4̇	5̇	6̇	7̇
A	882	990	1 112	1 178	1 322	1 484	1 665
B	990	1 112	1 248	1 322	1 484	1 665	1 869
C	525	589	661	700	786	882	990
D	589	661	742	786	882	990	1 112
E	661	742	833	882	990	1 112	1 248
F	700	786	882	935	1 049	1 178	1 322
G	786	882	990	1 049	1 178	1 322	1 484

下面提供了乐曲《友谊地久天长》实验参考程序。程序中频率表是将曲谱中的音符对应的频

率值依次记录下来（B 调、四分之二拍），时间表是将各个音符发音的相对时间记录下来（由曲谱中节拍得出）。

频率表和时间表是一一对应的，频率表的最后一项为 0，作为重复的标志。根据频率表中的频率算出对应的计数初值，然后依次写入 8254 的计数器。将时间表中相对应时间值带入延时程序来得到音符演奏时间。实验参考程序流程如图 2.11.1 所示。

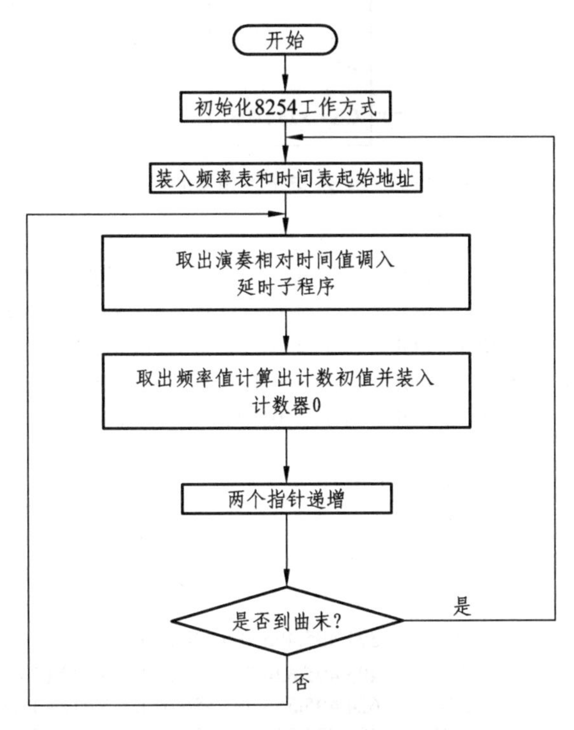

图 2.11.1　实验参考流程图

电子发声电路图如图 2.11.2 所示。

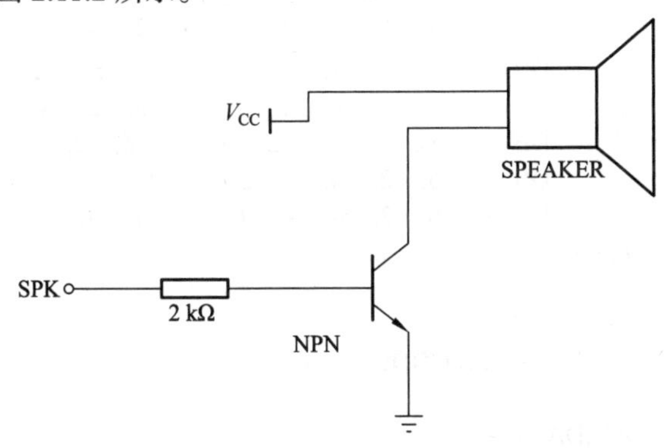

图 2.11.2　电子发声单元电路图

五、实验步骤

（1）按图 2.11.3 接线。

（2）运行 Tdpit 集成操作软件，根据实验要求编写实验程序并编译、链接。

（3）运行程序，听扬声器发出的音乐是否正确。

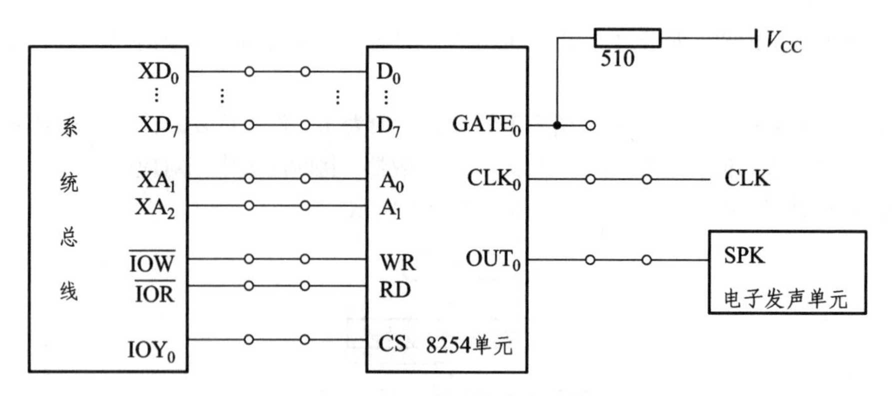

图 2.11.3　8254 电子发声实验接线图

实验参考程序：

```
        IOY0            EQU   3000H          ;片选 IOY0 对应的端口始地址
        MY8254_COUNT0   EQU   IOY0+00H*2     ;8254 计数器 0 端口地址
        MY8254_COUNT1   EQU   IOY0+01H*2     ;8254 计数器 1 端口地址
        MY8254_COUNT2   EQU   IOY0+02H*2     ;8254 计数器 2 端口地址
        MY8254_MODE     EQU   IOY0+03H*2     ;8254 控制寄存器端口地址

        STACK1  SEGMENT  STACK
        DW       256 DUP(?)
        STACK1  ENDS

        DATA     SEGMENT
        FREQ_LIST    DW   371,495,495,495,624,556,495,556,624       ;频率表
                     DW   495,495,624,742,833,833,833,742,624
                     DW   624,495,556,495,556,624,495,416,416,371
                     DW   495,833,742,624,624,495,556,495,556,833
                     DW   742,624,624,742,833,990,742,624,624,495
                     DW   556,495,556,624,495,416,416,371,495,0
        TIME_LIST    DB   4,  6,  2,  4,  4,  6,  2,  4,  4          ;时间表
                     DB   6,  2,  4,  4, 12,  1,  3,  6,  2
                     DB   4,  4,  6,  2,  4,  4,  6,  2,  4,  4
                     DB   12, 4,  6,  2,  4,  4,  6,  2,  4,  4
                     DB   6,  2,  4,  4, 12,  4,  6,  2,  4,  4
                     DB   6,  2,  4,  4,  6,  2,  4,  4,  12
        DATA     ENDS

        CODE     SEGMENT
                 ASSUME   CS:CODE,DS:DATA

START:  MOV      AX,DATA
        MOV      DS,AX

        MOV      DX,MY8254_MODE          ;初始化 8254 工作方式
        MOV      AL,36H                  ;定时器 0、方式 3
        OUT      DX,AL

BEGIN:  MOV      SI,OFFSET FREQ_LIST     ;装入频率表起始地址
```

```
        MOV     DI,OFFSET TIME_LIST         ;装入时间表起始地址

PLAY:   MOV     DX,0FH                      ;输入时钟为 1.041 666 7 MHz，
                                            ;1.041 666 7 M = 0FE502H
        MOV     AX,0E502H
        DIV     WORD PTR [SI]               ;取出频率值计算计数初值，
                                            ;0F4240H / 输出频率
        MOV     DX,MY8254_COUNT0
        OUT     DX,AL                       ;装入计数初值
        MOV     AL,AH
        OUT     DX,AL

        MOV     DL,[DI]                     ;取出演奏相对时间，调用延时子程序
        CALL    DALLY

        ADD     SI,2
        INC     DI
        CMP     WORD PTR [SI],0             ;判断是否到曲末
        JE      BEGIN

        MOV     AH,1                        ;判断是否有按键按下
        INT     16H
        JZ      PLAY

QUIT:   MOV     DX,MY8254_MODE              ;退出时设置 8254 为方式 2，OUT0 置 0
        MOV     AL,10H
        OUT     DX,AL

        MOV     AX,4C00H                    ;结束程序退出
        INT     21H

        DALLY   PROC                        ;延时子程序
D0:     MOV     CX,0F00H
D1:     MOV     AX,0FFFFH
D2:     DEC     AX
        JNZ     D2
        LOOP    D1
        DEC     DL
        JNZ     D0
        RET
        DALLY   ENDP

        CODE    ENDS
        END     START
```

五、预习要求

（1）掌握电子发声电路的发声原理；

（2）了解电子琴谱的构成原理以及如何通过程序控制音乐播放。

第三部分
单片微型计算机原理及接口技术实验

实验一　Keil C51 软件使用

Keil C51 软件是开发众多单片机应用的优秀软件之一，它集编辑、编译、仿真于一体，支持汇编语言和 C 语言的程序设计，界面友好，易学易用。

一、Keil C51 工作界面

Keil C51 的启动界面和编辑界面分别如图 3.1.1、图 3.1.2 所示。

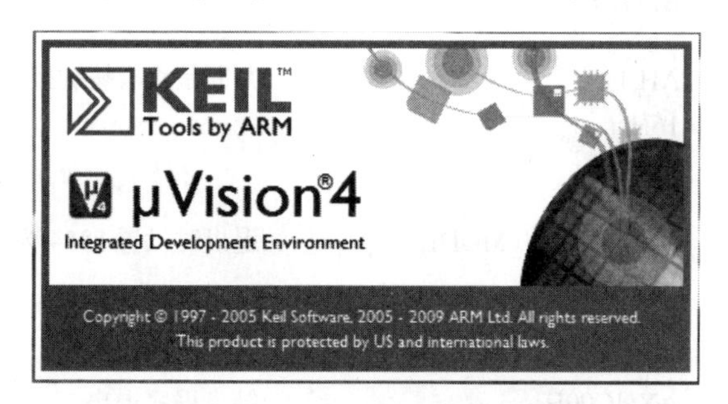

图 3.1.1　Keil C51 的启动界面

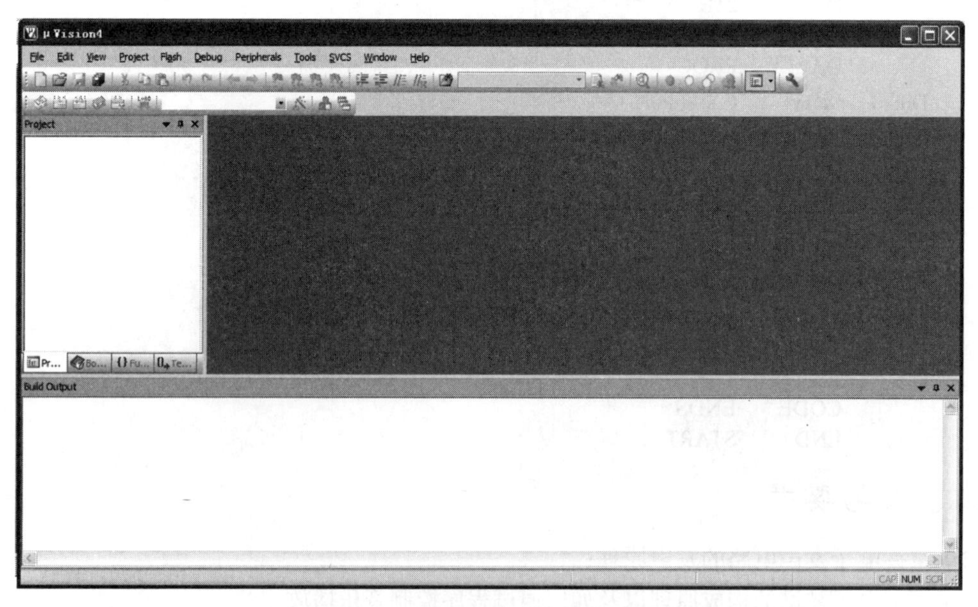

图 3.1.2　Keil C51 的编辑界面

二、程序的编辑与调试

学习程序设计语言，以及学习某种编程软件，最好的方法是操作实践。下面通过简单的编程、调试，引导大家学习 Keil C51 软件的基本使用方法和基本的调试技巧。

（1）建立一个新工程。

单击“Project”菜单，在弹出的下拉菜单中选中“New Project”选项，如图 3.1.3 所示。

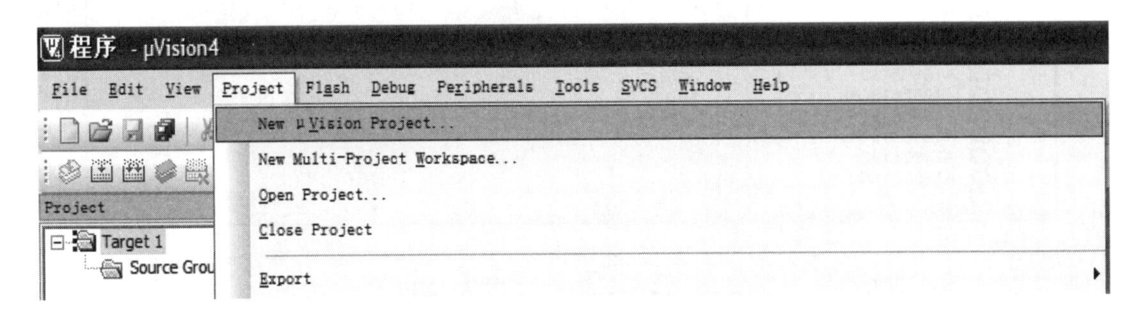

图 3.1.3

（2）选择保存该新工程的路径，输入工程文件的名字。比如保存到“单片机实验”文件夹，工程文件的名字为“lws”，如图 3.1.4 所示，然后点击“保存”按键。

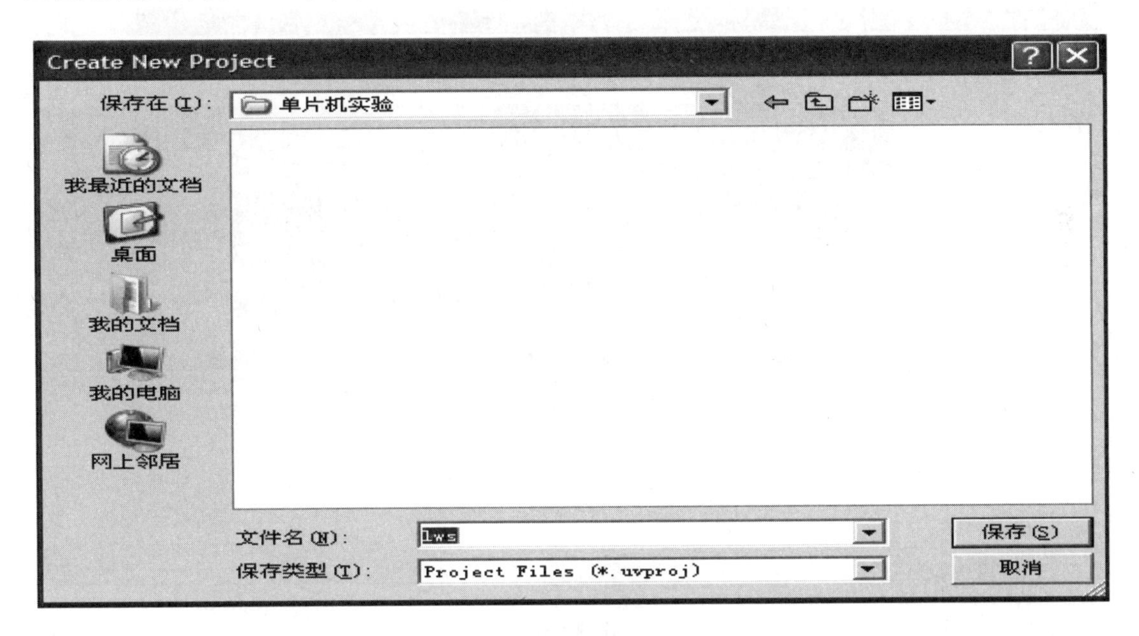

图 3.1.4

（3）这时会弹出一个对话框，要求你选择单片机的型号。Keil C51 几乎支持所有的 51 内核的单片机，在这里还是以大家用得比较多的 Atmel 的 89C51 来说明，如图 3.1.5 所示。选择 89C51 之后，右边栏显示对这个单片机的基本说明，然后点击“确定”按键。

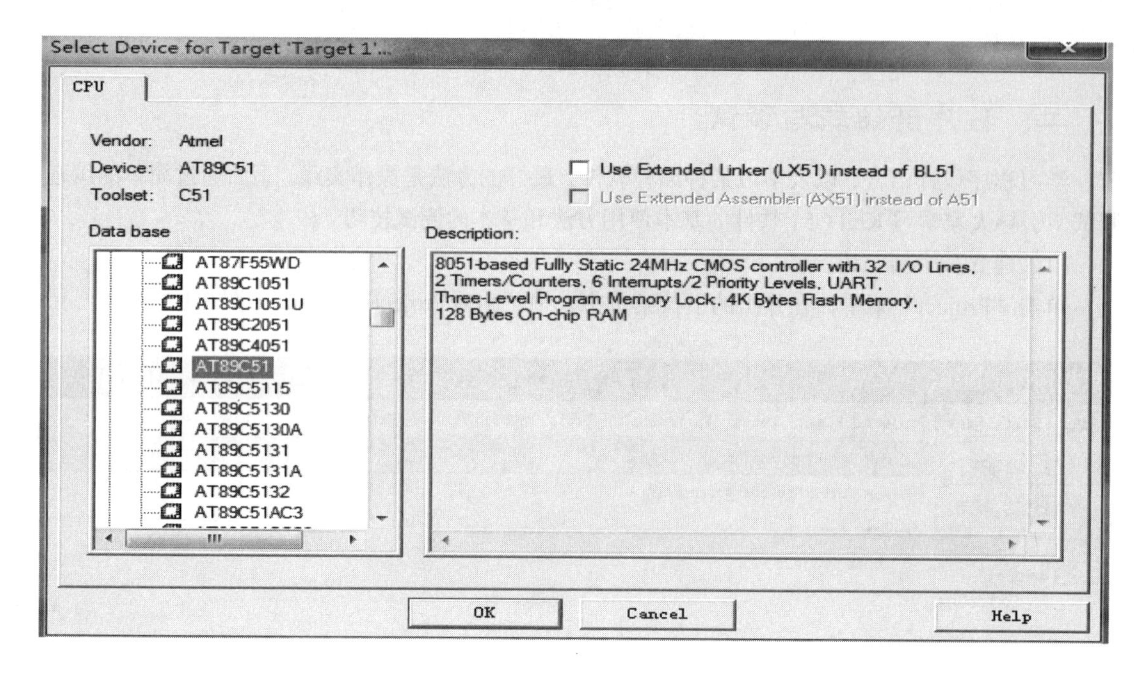

图 3.1.5

（4）完成上一步骤后，屏幕如图 3.1.6 所示。

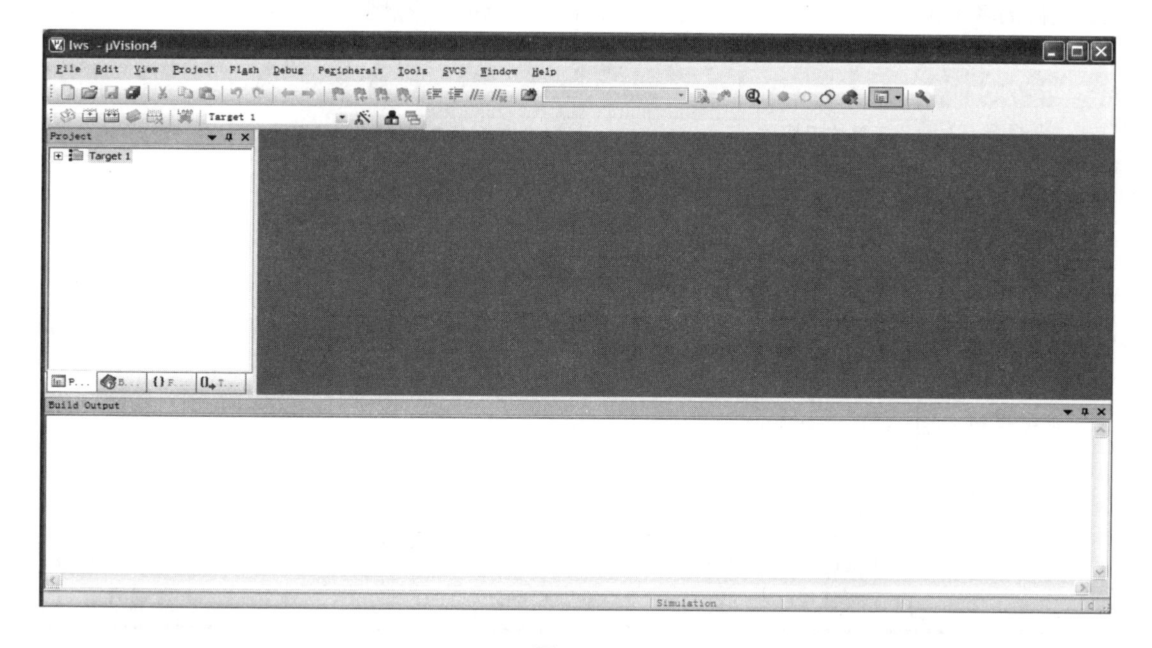

图 3.1.6

（5）在图 3.1.6 所示界面中，单击“File”菜单，在弹出的下拉菜单中单击“New”选项，新建一个文件。新建文件后屏幕如图 3.1.7 所示。

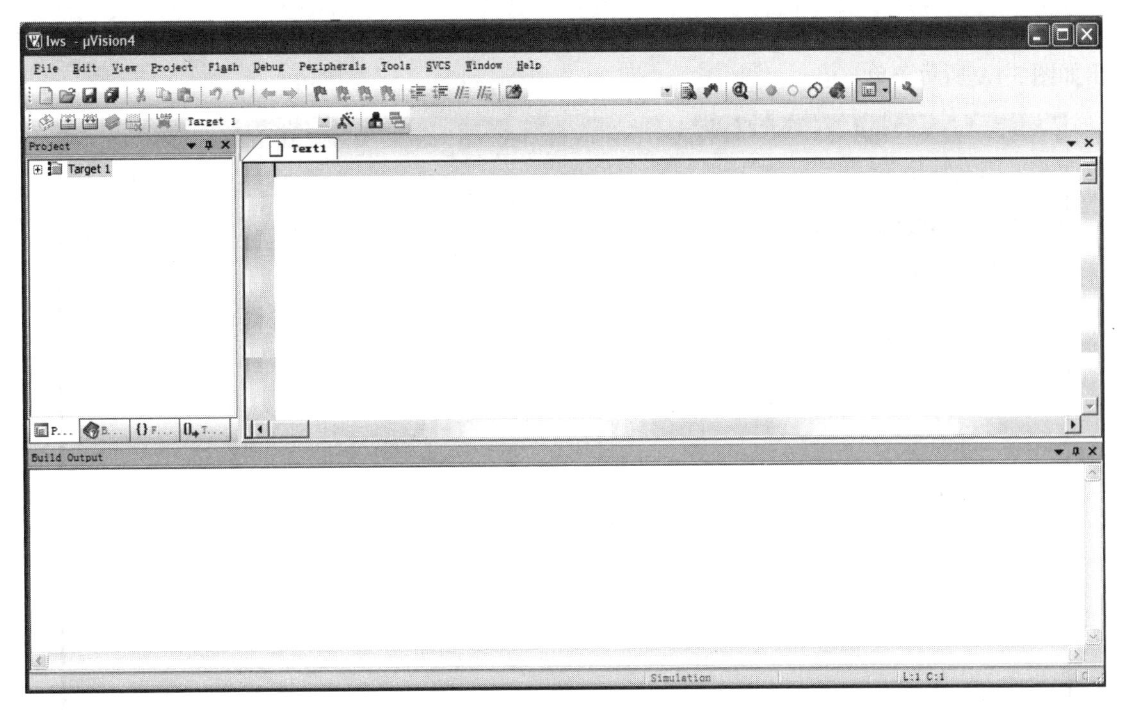

图 3.1.7

此时光标在编辑窗口里闪烁，表明可以键入用户的应用程序了。但笔者建议首先保存该空白的文件，即单击“File”菜单，在下拉菜单中选中“Save As”选项，弹出如图 3.1.8 所示窗口。在“文件名”栏右侧的编辑框中，键入欲使用的文件名，同时，必须键入正确的扩展名。注意：如果用 C 语言编写程序，则扩展名为.c；如果用汇编语言编写程序，则扩展名必须为.asm。然后，单击“保存”按钮。

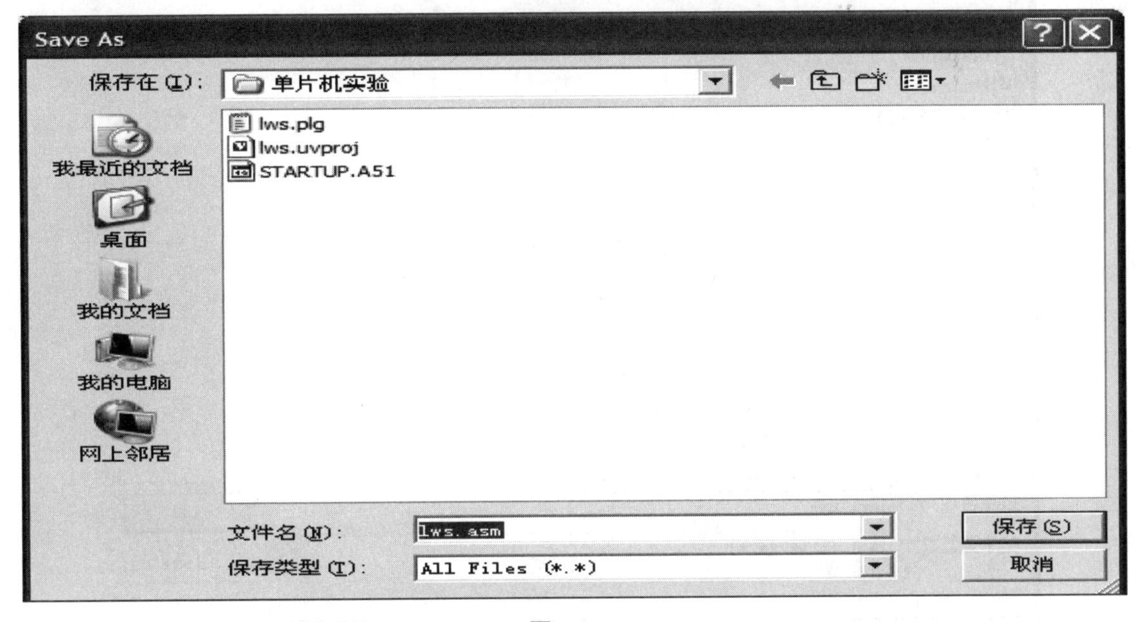

图 3.1.8

（6）回到编辑界面后，单击“Target 1”前面的“＋”号，然后在“Source Group 1”上单击右键，弹出如图 3.1.9 所示菜单。

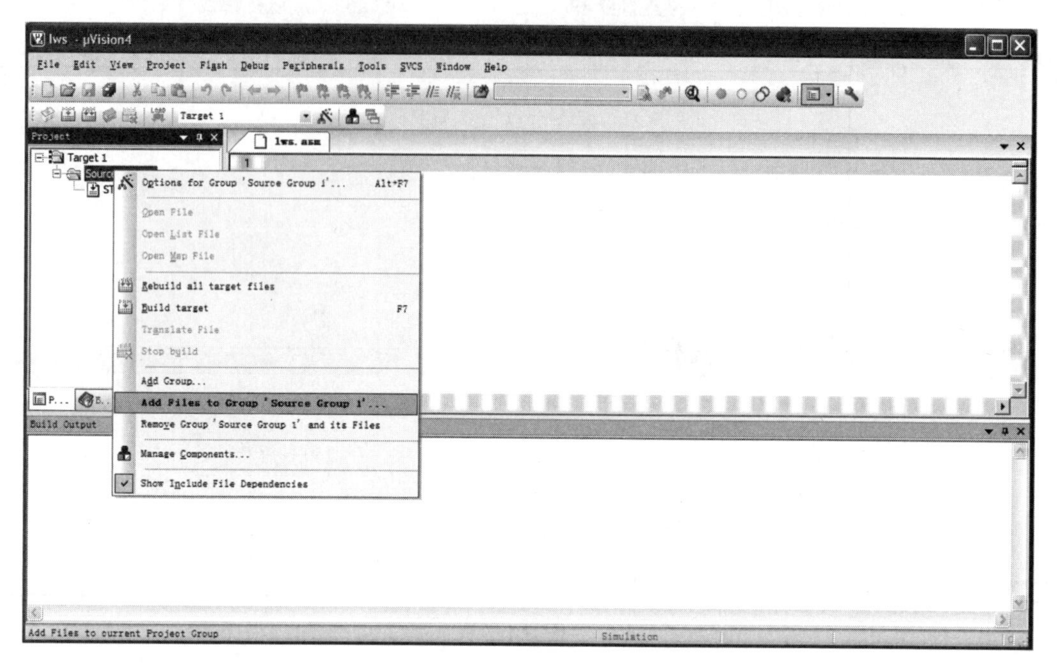

图 3.1.9

单击 “Add File to Group ‘Source Group 1’”，屏幕如图 3.1.10 所示。

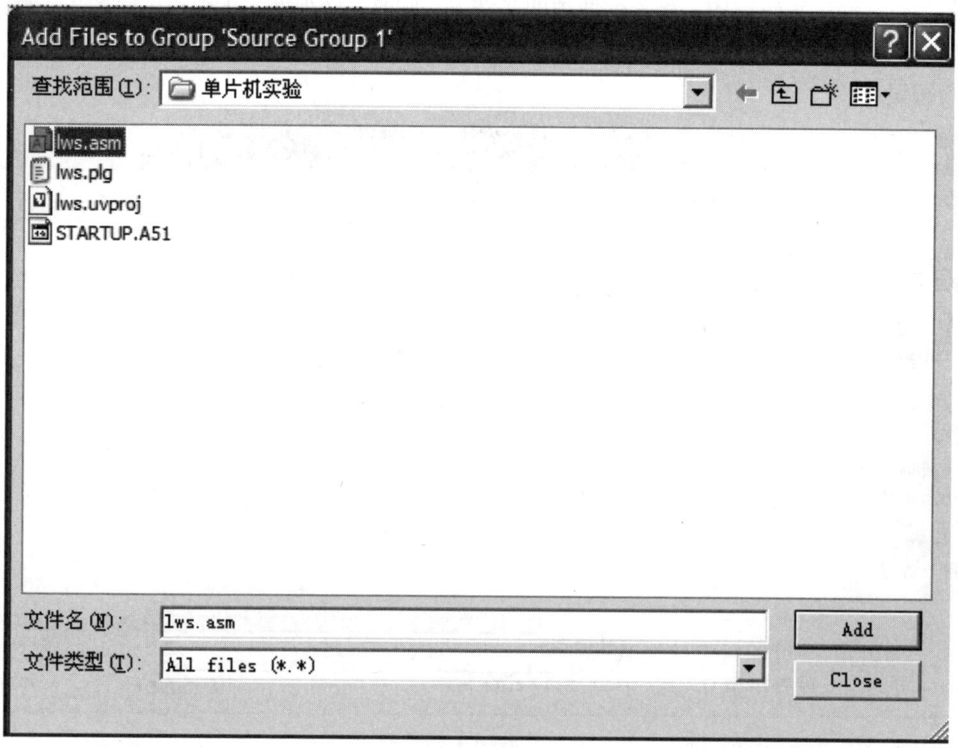

Add Files to Group 'Source Group 1'
查找范围(I): 单片机实验
lws.asm
lws.plg
lws.uvproj
STARTUP.A51
文件名(N): lws.asm
文件类型(T): All files (*.*)
Add
Close

图 3.1.10

选中 lws.asm，然后单击“Add”按钮，屏幕如图 3.1.11 所示。

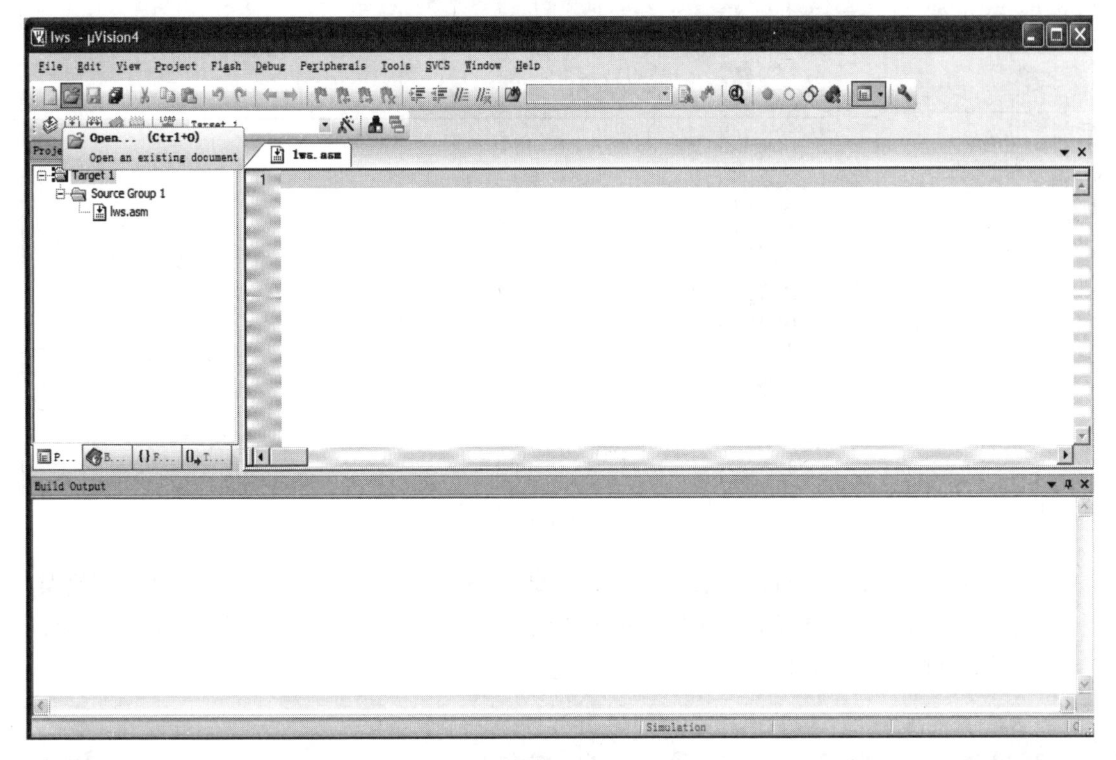

图 3.1.11

（7）输入如下汇编语言源程序：

```
      ORG    0000H
      AJMP   MAIN
      ORG    30H
MAIN: MOV    R2,#16
      MOV    A,#0FEH
LOOP: MOV    P1,A
      LCALL  D1
      RL     A
      DJNZ   R2,LOOP
D1:   MOV    R4,#10
D2:   MOV    R5,#100
D3:   MOV    R6,#249
      DJNZ   R6,$
      DJNZ   R5,D3
      DJNZ   R4,D2
      RET
      END
```

程序输入完毕后，如图 3.1.12 所示。

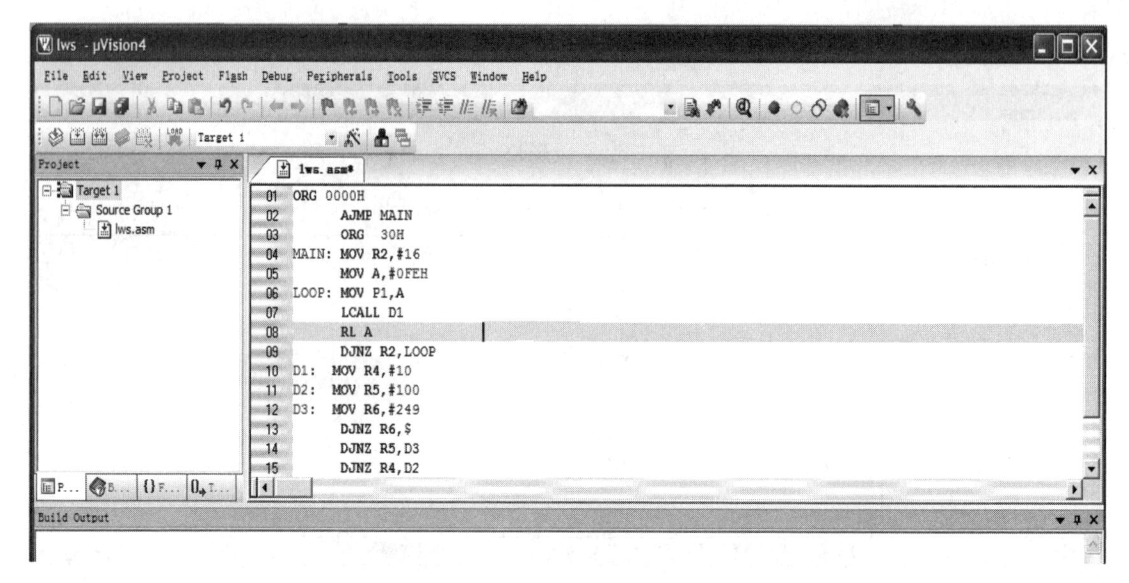

图 3.1.12

（8）对文件进行编译、链接。依次点击按钮、、。在编译时如发现程序有错误，则会有错误报告出现。双击该行，可以定位出错位置。反复修改直到无错后出现“0 Error(s)，0 Warring(s)”，如图 3.1.13 所示。

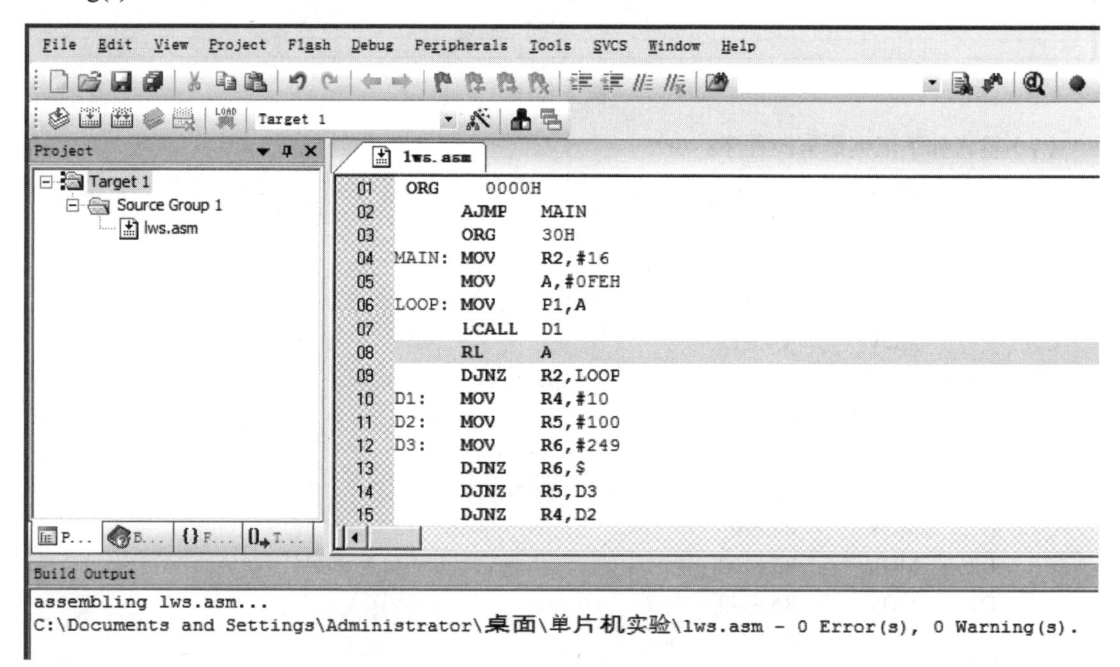

图 3.1.13

（9）调试程序：在图 3.1.13 中，单击“Debug”菜单，在下拉菜单中单击 Start/Stop Debug Session Ctrl+F5 选项（或直接点击快捷按钮），即进入程序调试状态。用按键，可对程序进行单步调试运行；选择“Debug”菜单下的“/RUN”选项，可使程序连续运行。运行结果如图 3.1.14 所示。

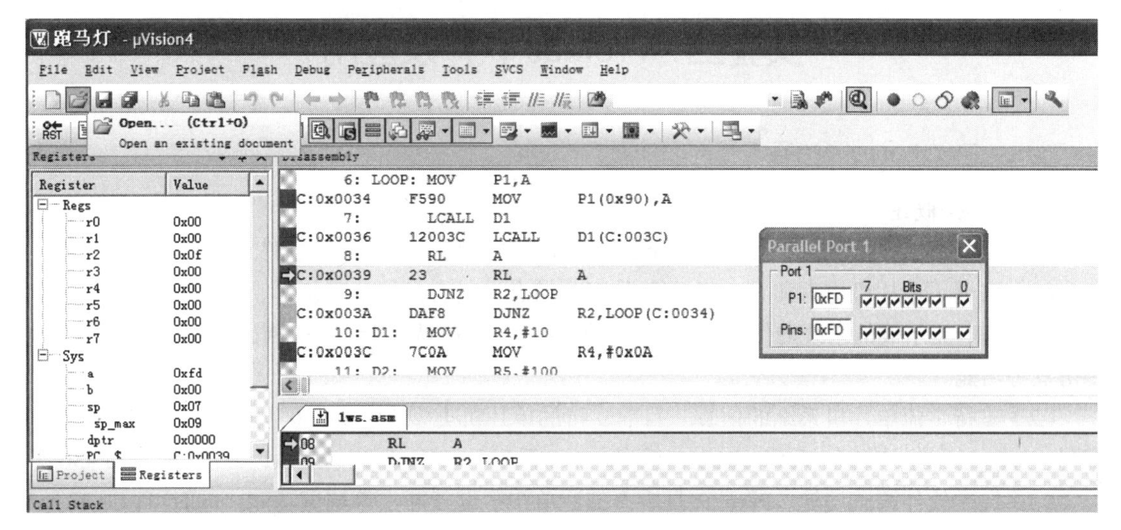

图 3.1.14

（10）单击“Project”菜单，在下拉菜单中选择 Options for Target 'Target 1'，弹出如图 3.1.15 所示窗口。在该窗口中选中“Output”标签，再选中“Create HEX File”选项，使程序编译后产生 HEX 代码，供下载器软件使用，把程序下载到 AT89C51 单片机中。

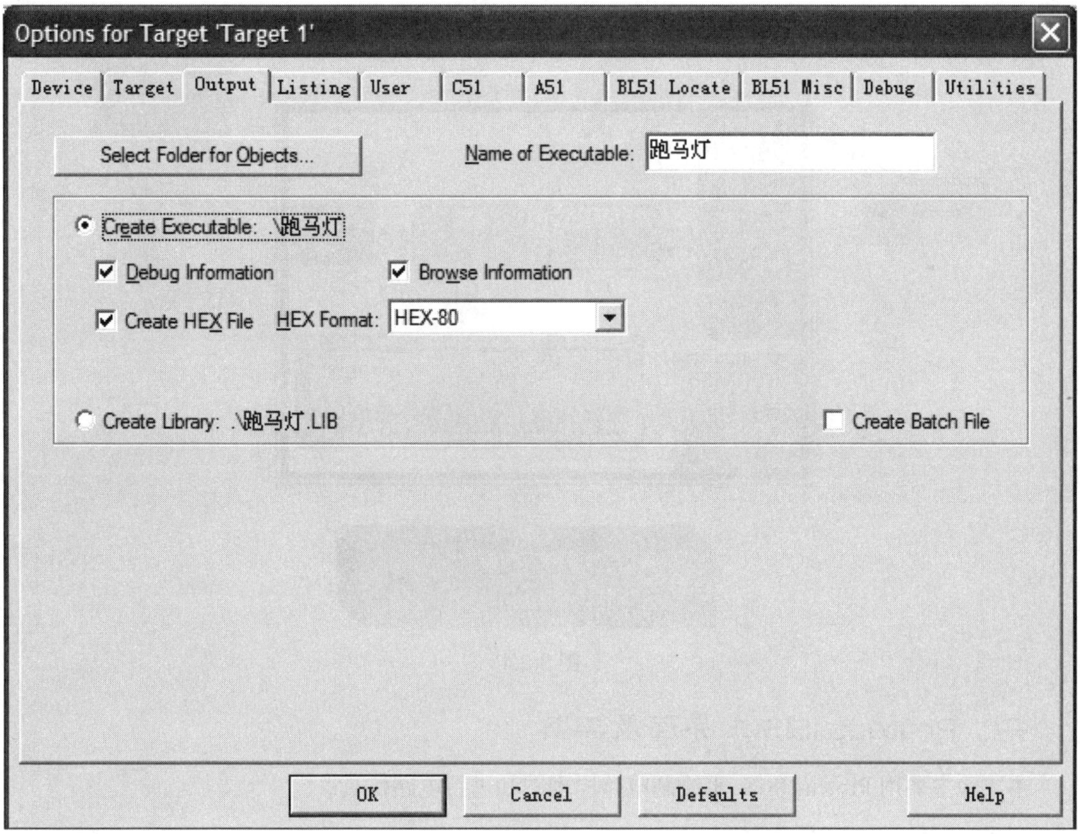

Options for Target 'Target 1'
Device Target Output Listing User C51 A51 BL51 Locate BL51 Misc Debug Utilities
Select Folder for Objects...
Name of Executable: 跑马灯
Create Executable: .\跑马灯
Debug Information
Browse Information
Create HEX File HEX Format: HEX-80
Create Library: .\跑马灯.LIB
Create Batch File
OK Cancel Defaults Help

图 3.1.15

实验二　Proteus 软件及应用

一、Proteus 介绍

1. Proteus 概述

Proteus ISIS 是英国 Labcenter 公司开发的电路分析与仿真软件。该软件的特点是：

（1）实现了单片机仿真和 SPICE 电路仿真相结合，具有模拟电路仿真、数字电路仿真、单片机及其外围电路组成的系统的仿真、RS-232 动态仿真、I^2C 调试器、SPI 调试器、键盘和 LCD 系统仿真等功能。

（2）支持主流单片机系统的仿真。目前支持的单片机类型有：68000 系列、8051 系列、AVR 系列、PIC12 系列、PIC16 系列、PIC18 系列、Z80 系列、HC11 系列、ARM、8086 和 MSP430 等。

（3）提供软件调试功能。Proteus 具有全速、单步、设置断点等调试功能，同时可以观察各个变量、寄存器等的当前状态，而且支持 IAR、Keil 和 MPLAB 等多种编译。

（4）具有原理图绘制、仿真、PCB 设计等功能。

2. Proteus 的构成图解

Proteus 集成了智能原理布图、混合模型电路仿真和 PCB 设计等功能，是一个完整的电子设计系统，如图 3.2.1 所示。

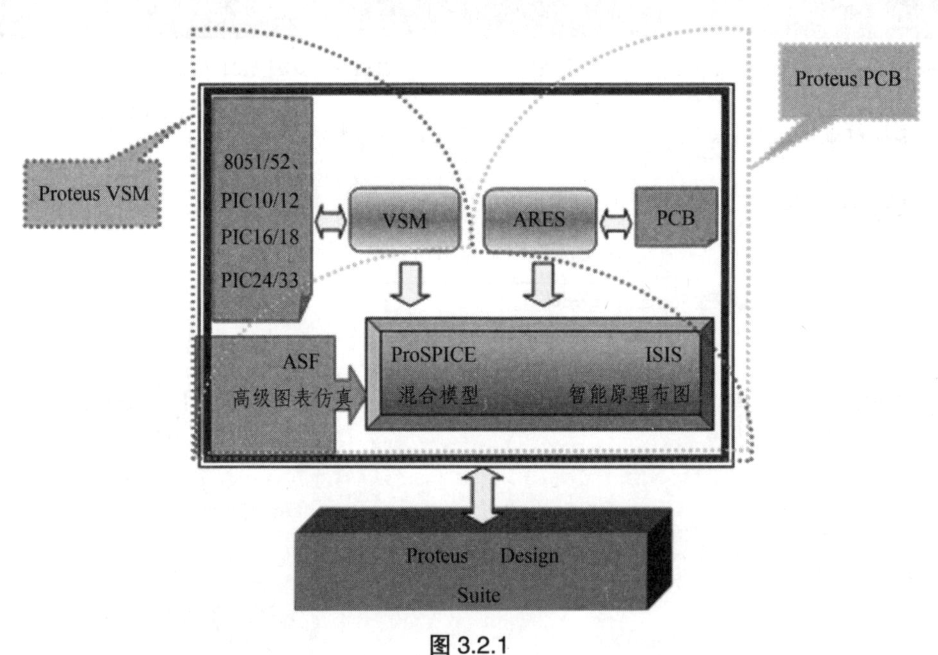

图 3.2.1

二、Proteus ISIS 主界面及工具

本实验主要用 Proteus ISIS 来绘制电路原理图和进行电路仿真。

1. 进入 Proteus ISIS

双击桌面上的 ISIS 7 Professional 图标或者单击“开始”→“程序”→“Proteus 7 Professional”→“ISIS 7 Professional”，出现如图 3.2.2 所示界面，表明进入了 Proteus ISIS 集成环境。

图 3.2.2　进入 Proteus 的界面

2. Proteus ISIS 主界面（见图 3.2.3）

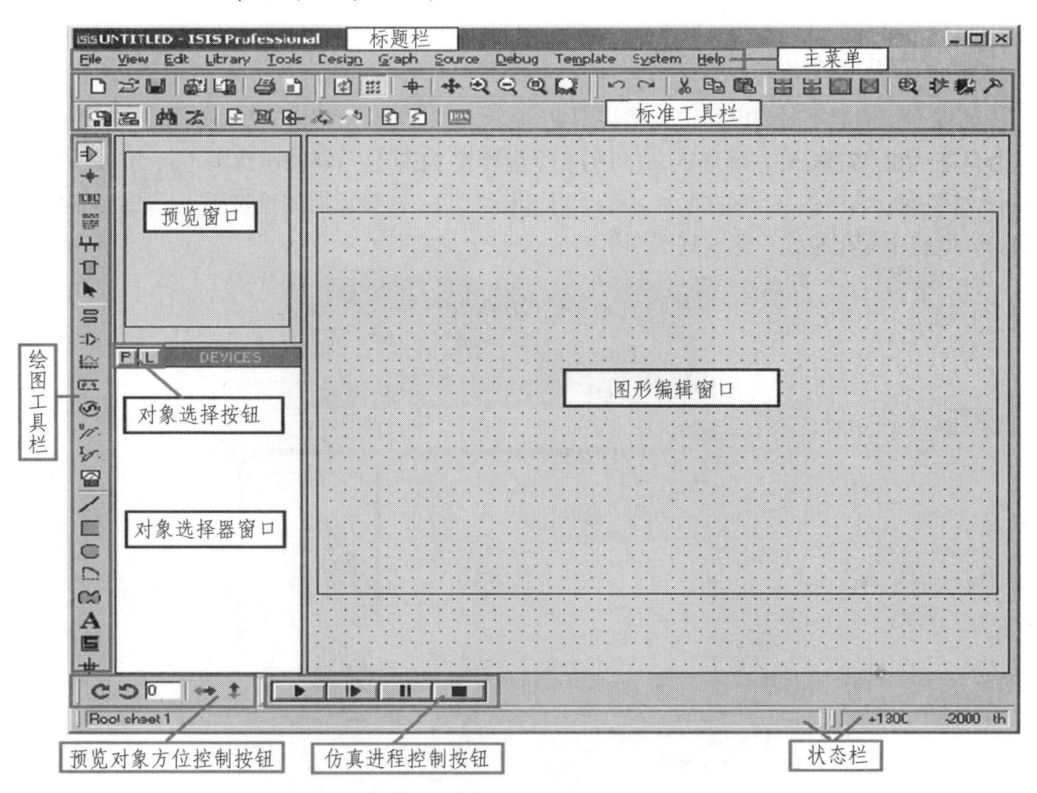

图 3.2.3　Proteus 界面

3. Proteus ISIS 专用工具栏简介

Proteus ISIS 工具栏的作用如图 3.2.4 所示。

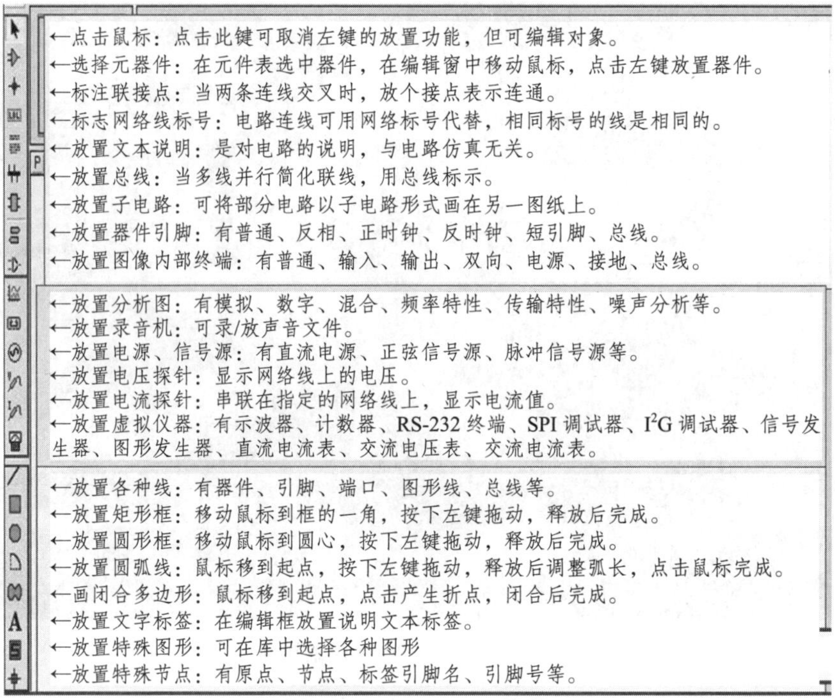

←点击鼠标：点击此键可取消左键的放置功能，但可编辑对象。
←选择元器件：在元件表选中器件，在编辑窗中移动鼠标，点击左键放置器件。
←标注联接点：当两条连线交叉时，放个接点表示连通。
←标志网络线标号：电路连线可用网络标号代替，相同标号的线是相同的。
←放置文本说明：是对电路的说明，与电路仿真无关。
←放置总线：当多线并行简化联线，用总线标示。
←放置子电路：可将部分电路以子电路形式画在另一图纸上。
←放置器件引脚：有普通、反相、正时钟、反时钟、短引脚、总线。
←放置图像内部终端：有普通、输入、输出、双向、电源、接地、总线。

←放置分析图：有模拟、数字、混合、频率特性、传输特性、噪声分析等。
←放置录音机：可录/放声音文件。
←放置电源、信号源：有直流电源、正弦信号源、脉冲信号源等。
←放置电压探针：显示网络线上的电压。
←放置电流探针：串联在指定的网络线上，显示电流值。
←放置虚拟仪器：有示波器、计数器、RS-232 终端、SPI 调试器、I^2C 调试器、信号发生器、图形发生器、直流电流表、交流电压表、交流电流表。

←放置各种线：有器件、引脚、端口、图形线、总线等。
←放置矩形框：移动鼠标到框的一角，按下左键拖动，释放后完成。
←放置圆形框：移动鼠标到圆心，按下左键拖动，释放后完成。
←放置圆弧线：鼠标移到起点，按下左键拖动，释放后调整弧长，点击鼠标完成。
←画闭合多边形：鼠标移到起点，点击产生折点，闭合后完成。
←放置文字标签：在编辑框放置说明文本标签。
←放置特殊图形：可在库中选择各种图形
←放置特殊节点：有原点、节点、标签引脚名、引脚号等。

图 3.2.4 Proteus 工具栏

三、Proteus 应用实例

下面以“智能电子时钟电路”为例讲解 Proteus ISIS 的具体使用方法。如图 3.2.5 所示，电路的核心是单片机 AT89C51。单片机 P0 口的 8 个引脚接 LED 显示器的段选码（a、b、c、d、e、f、g、dp）的引脚。单片机 P2 口的 6 个引脚经非门电路接 LED 显示器的位选码（1、2、3、4、5、6）的引脚。电路中采用总线，使电路图变得简洁。

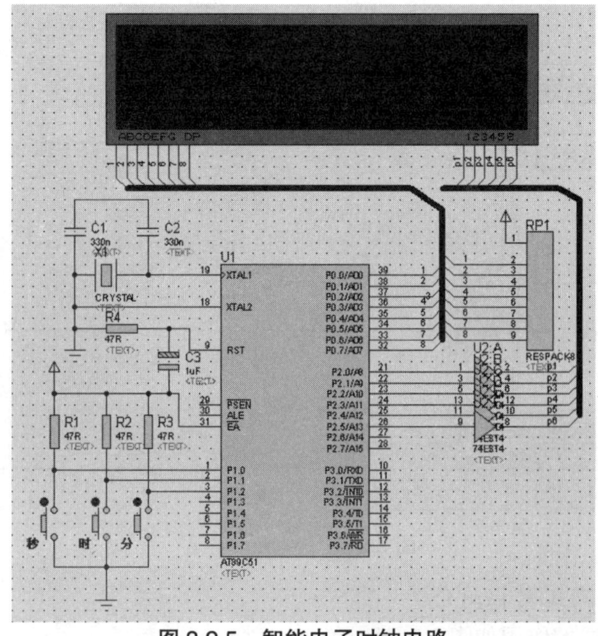

图 3.2.5 智能电子时钟电路

1. 电路图的绘制

（1）将所需元器件加入对象选择器窗口（Picking Components into the Schematic）。

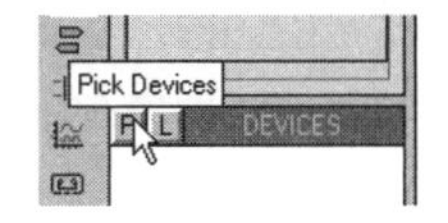

图 3.2.6

单击对象选择器按钮P，如图 3.2.6 所示，弹出“Pick Devices”窗口。在“Keywords”栏输入“AT89C51“，系统在对象库中进行搜索，并将搜索结果显示在“Results”中，如图 3.2.7 所示。

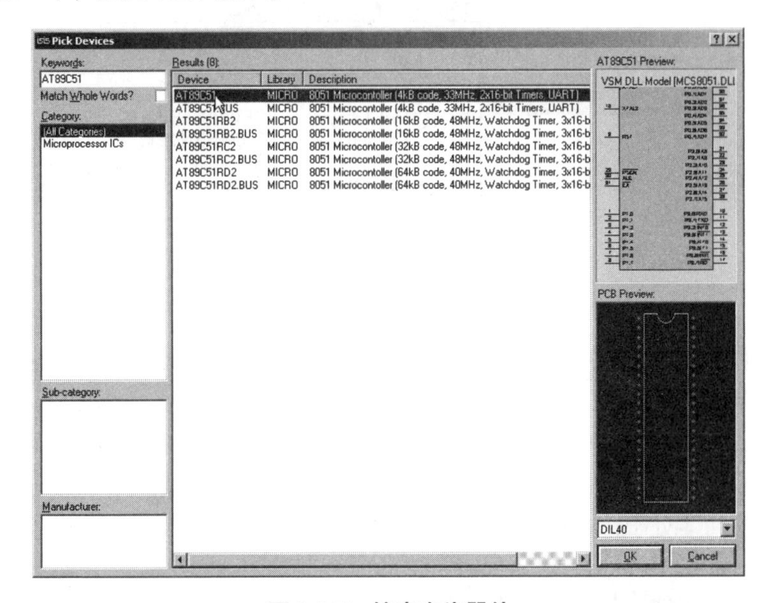

图 3.2.7　搜索查找器件

在“Results”栏的列表项中，双击“AT89C51”，可将“AT89C51”添加至对象选择器窗口。

接着在“Keywords”栏中输入“7SEG“，如图 3.2.9 所示。在搜索结果中双击“7SEG-MPX6-CA-BLUE”，则可将“7SEG-MPX6-CA-BLUE”(6 位共阳极 7 段 LED 显示器)添加至对象选择器窗口。

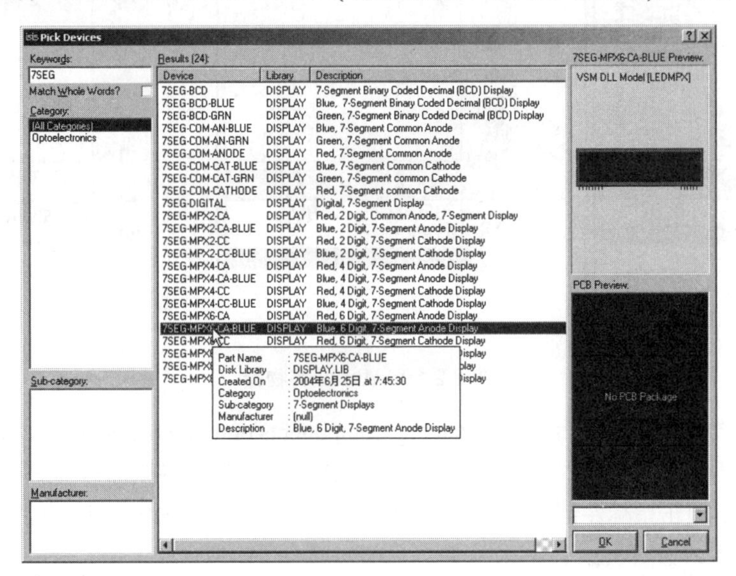

图 3.2.8

最后，在“Keywords”栏中输入“RES“，并选中“Match Whole Words”，如图 3.2.9 所示。在“Results”栏中获得与 RES 完全匹配的搜索结果。双击“RES”，则可将“RES”(电阻)添加至对象选择器窗口。单击“OK”按钮，结束对象选择。

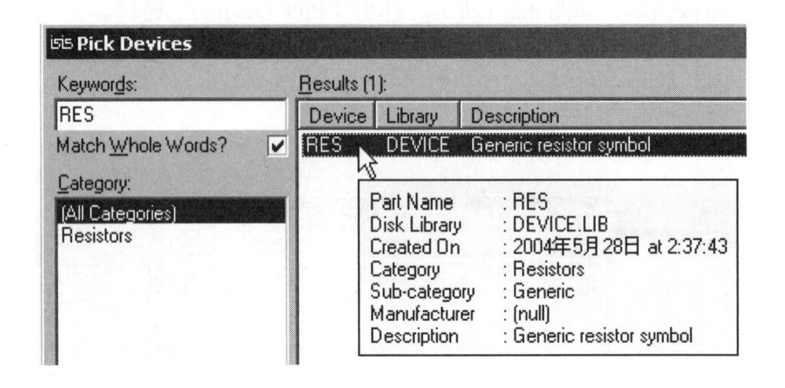

图 3.2.9

经过以上操作，在对象选择器窗口中，已有了 7SEG-MPX6-CA-BLUE、AT89C51、RES 三个元器件对象。若单击“AT89C51”，在预览窗口中，可见到“AT89C51“的实物图，如图 3.2.10（a）所示；若单击“RES”或“7SEG-MPX6-CA-BLUE”，在预览窗口中，可见到“RES”和“7SEG-MPX6-CA-BLUE”的实物图，如图 3.2.10（b）、（c）所示。此时，我们已注意到在绘图工具栏中的元器件按钮处于选中状态。

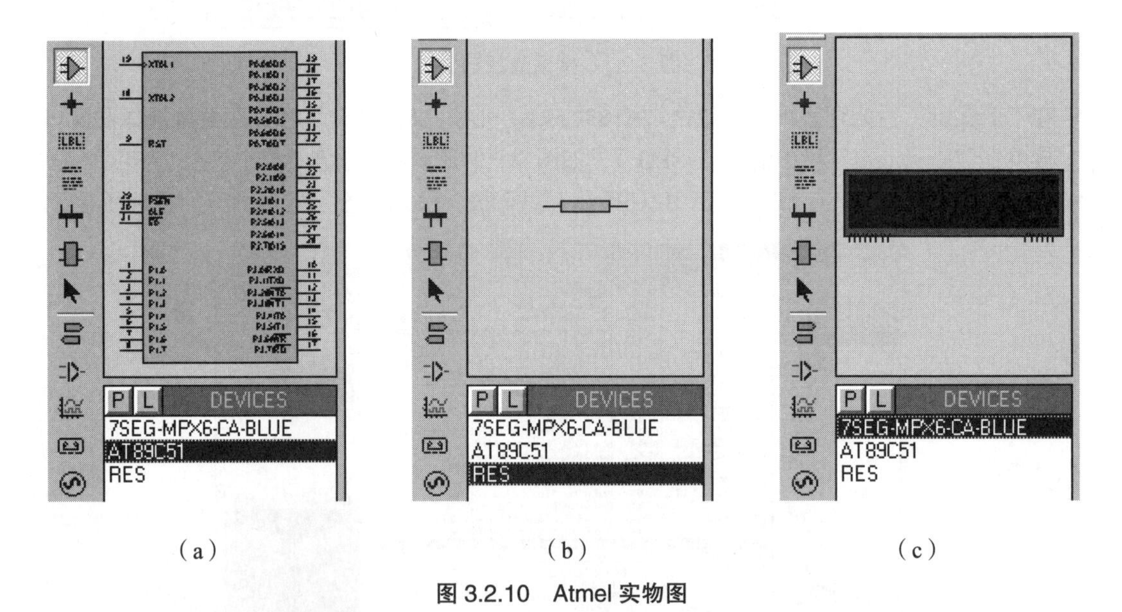

（a）　　（b）　　（c）

图 3.2.10　Atmel 实物图

（2）放置元器件至图形编辑窗口（Placing Components onto the Schematic）。

在对象选择器窗口中，选中“7SEG-MPX6-CA-BLUE”，然后将鼠标移至图形编辑窗口中欲放置该对象的位置，单击鼠标左键，该对象被放置。同理，将“AT89C51”和“RES”等元器件放置到图形编辑窗口中，如图 3.2.11 所示。

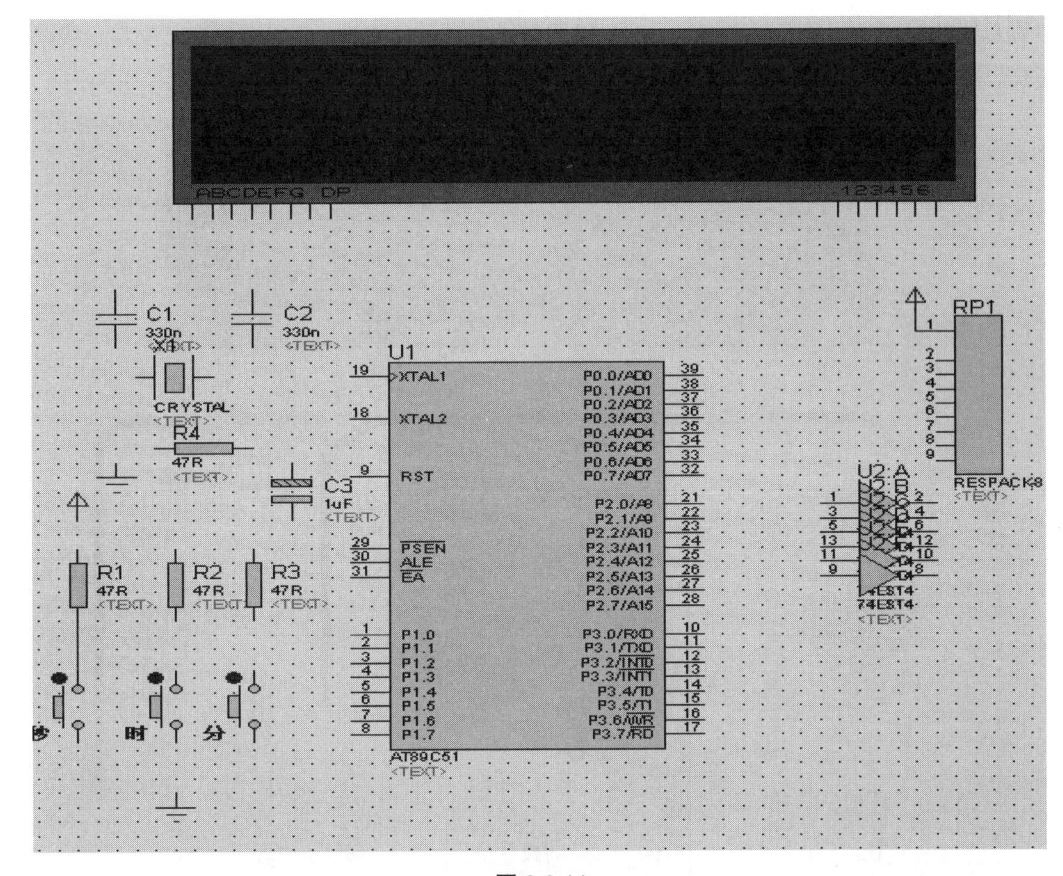

图 3.2.11

（3）放置总线至图形编辑窗口。

单击绘图工具栏中的总线按钮，使之处于选中状态。将鼠标置于图形编辑窗口，单击鼠标左键，确定总线的起始位置；移动鼠标，屏幕出现粉红色细直线；找到总线的终止位置，单击鼠标左键，再单击鼠标右键，以表示确认并结束画总线操作。此后，粉红色细直线被蓝色的粗直线所替代，如图 3.2.12 所示。

（4）元器件之间的连线（Wiring Up Components on the Schematic）。

Proteus 可以在用户想要画线的时候进行自动检测。当鼠标的指针靠近元件的端点时，鼠标的指针旁就会出现一个“×”号，表明找到了元件的连接点。单击鼠标左键，然后移动鼠标(不用拖动鼠标)，将鼠标的指针靠近另一元件的端点时，鼠标的指针旁同样会出现一个“×”号，表明找到了该元件的连接点，同时屏幕上出现了粉红色的连线。单击鼠标左键，粉红色的连接线变成了深绿色，表明线已连接上。

Proteus 具有线路自动路径功能（简称 WAR），即当选中两个连接点后，WAR 将选择一个合适的路径连线。WAR 可通过使用标准工具栏里的“WAR”命令按钮来关闭或打开，也可以在菜单栏的“Tools”下找到这个图标。

同理，我们可以完成其他连线。在此过程的任何时刻，都可以按<ESC>键或者单击鼠标的右键来放弃画线。

（5）元器件与总线的连线。

画总线的时候为了和普通导线区分，一般用斜线来表示分支线。此时需要自己决定走线路径，只需在想要拐点处单击鼠标左键即可。

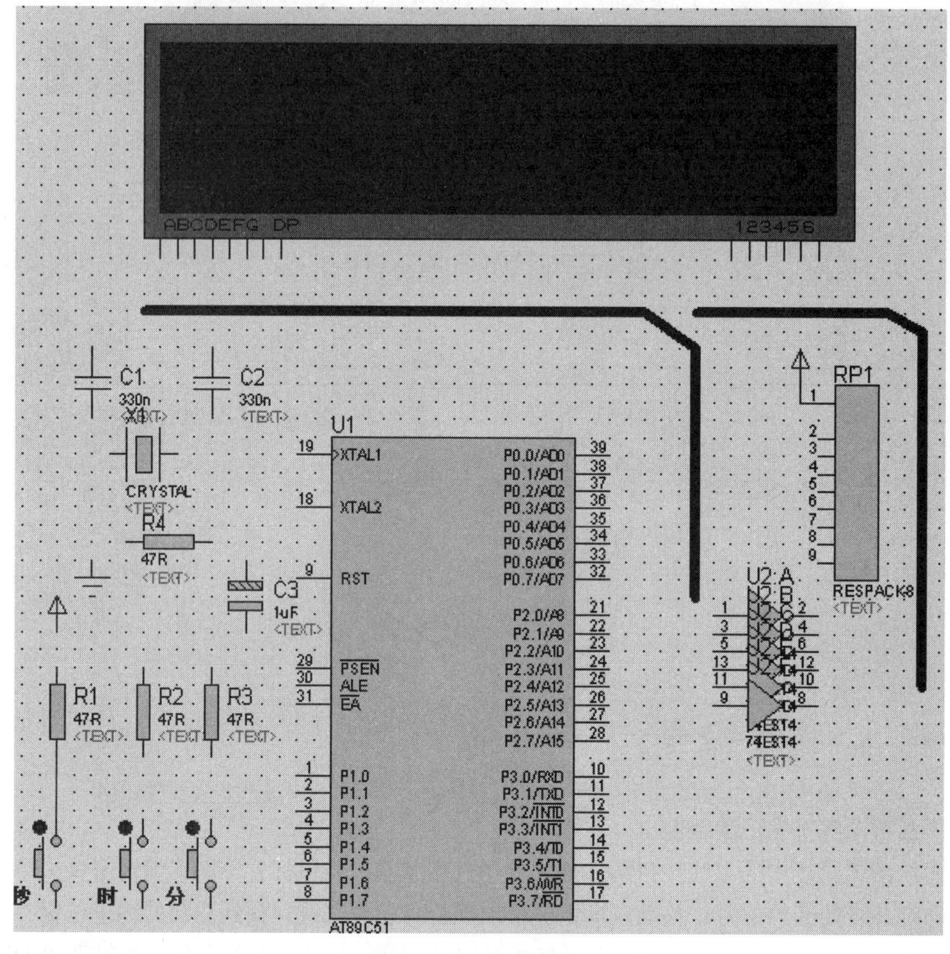

图 3.2.12　放置总线

（6）给与总线连接的导线贴标签（Part Labels）。

单击绘图工具栏中的导线标签按钮，使之处于选中状态。将鼠标置于图形编辑窗口中欲贴标签的导线上，鼠标的指针旁就会出现一个“×”号，如图 3.2.14 所示，表明找到了可以标注的导线。单击鼠标左键，弹出编辑导线标签窗口。在“string”栏中输入标签名称（如“a”），单击“OK”按钮，结束对该导线的标注。同理，可以为其他导线贴标签。至此，便完成了整个电路图的绘制。

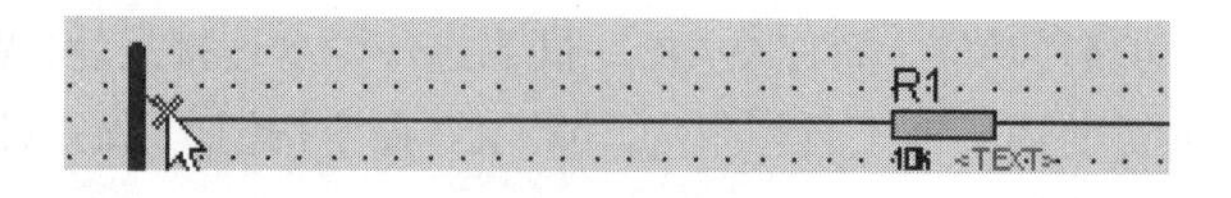

图 3.2.13

2. 程序下载及运行

（1）双击 AT89C51 单片机将弹出如图 3.2.14 所示窗口。

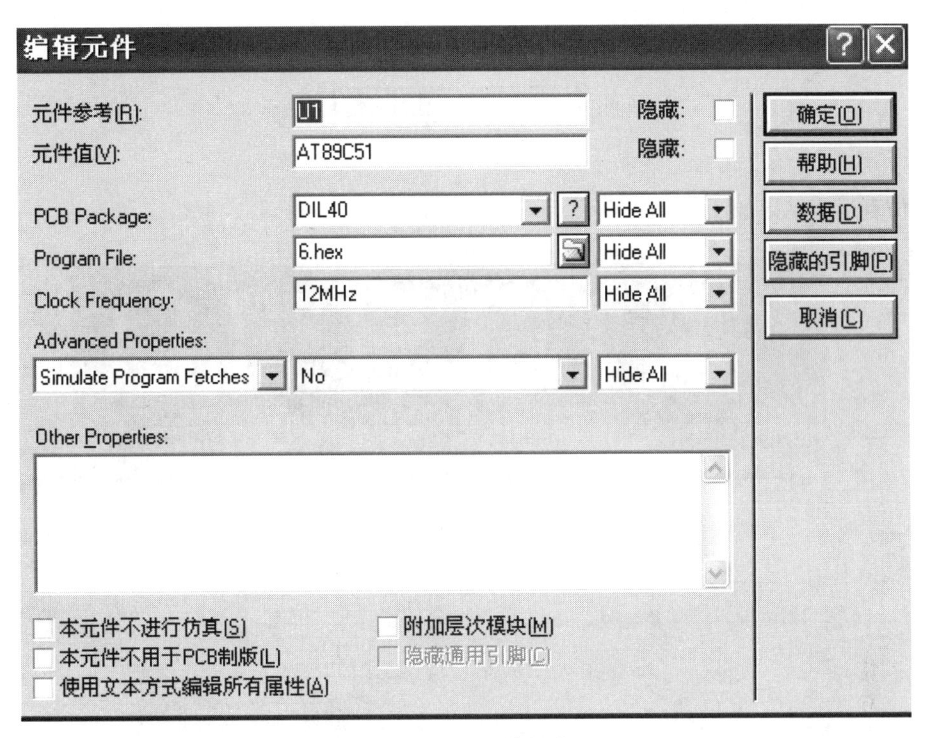

图 3.2.14　下载程序

（2）点击“选择文件夹”，查找已调试好的“6.HEX”文件，下载到 AT89C51 单片机，如图 3.2.15 所示。

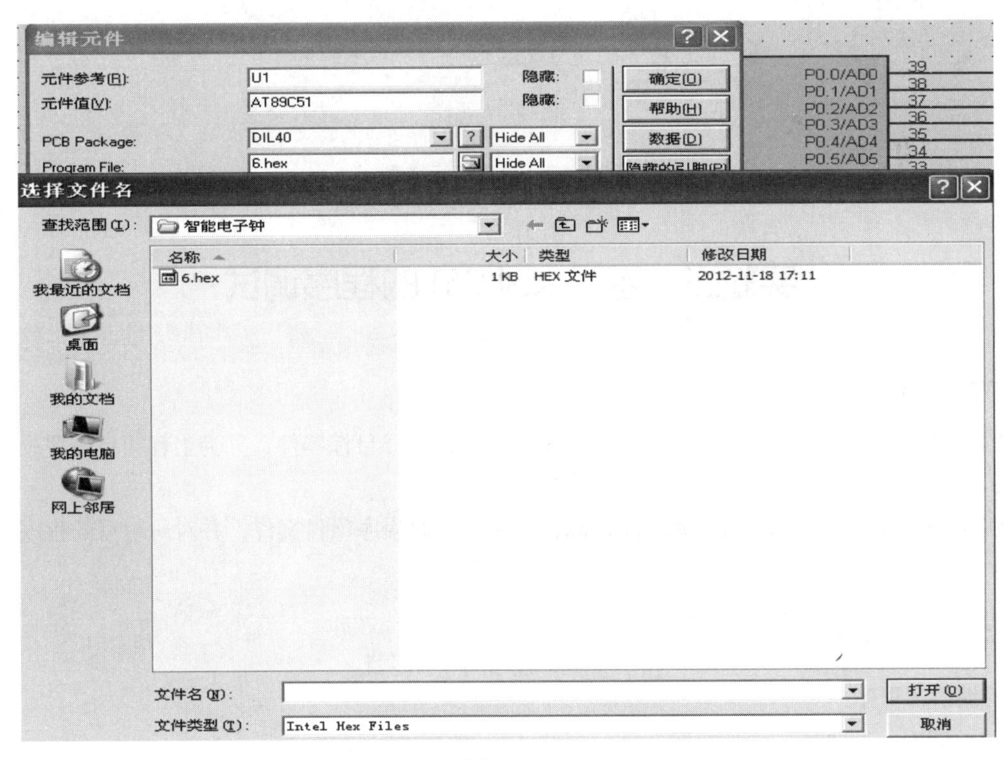

图 3.2.15

（3）点击图 3.2.16 所示仿真进程控制按钮中的播放按键即可运行程序。

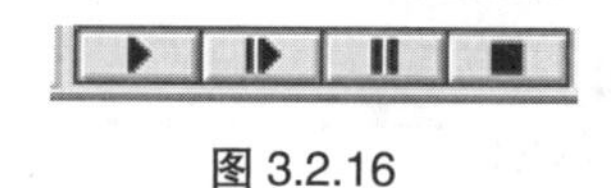

图 3.2.16

（4）仿真运行结果如图 3.2.17 所示。

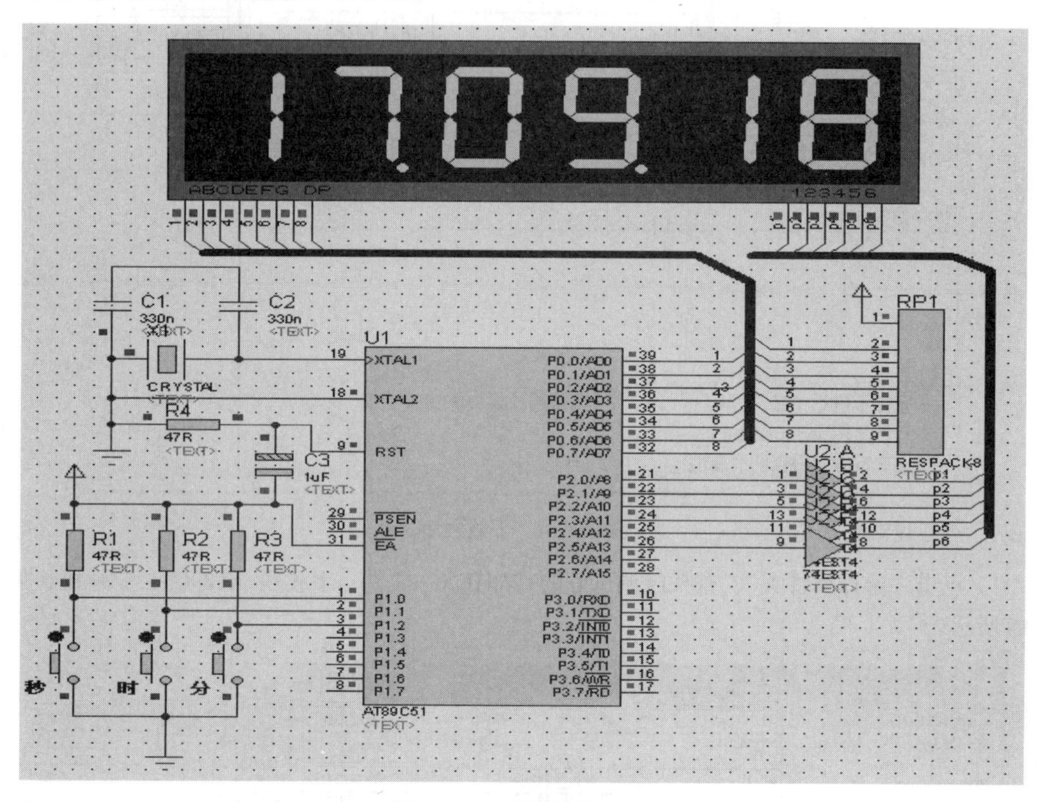

图 3.2.17　仿真运行结果

实验三　基于 Keil C51 的程序调试

一、实验目的

（1）使用 Keil C51 创建工程项目文件，为工程项目选择目标器件，并为工程项目设置软硬件环境；

（2）创建源程序文件并输入源程序代码，保存创建源程序项目文件，并对所编写的程序进行调试、运行。

二、实验内容

汇编语言程序：

```
        ORG     0000H
        AJMP    MAIN
```

```
        ORG     0100H
MAIN:   MOV     SP,#60H
LIGHT:  CPL     P1.0
        CPL     P1.1
        CPL     P1.2
        ACALL   DELAY
        AJMP    LIGHT
DELAY:  MOV     R7,#10H
DELAY0: MOV     R6,#7FH
DELAY1: MOV     R5,#7FH
DELAY2: DJNZ    R5,DELAY2
        DJNZ    R6,DELAY1
        DJNZ    R7,DELAY0
        RET
        END
```

三、实验步骤

（1）新建一个文件夹。

（2）进入 Keil C51 系统的操作环境。

（3）建立一个新的工程。单击菜单命令“Project”→“New Project”，如图 3.3.1 所示。

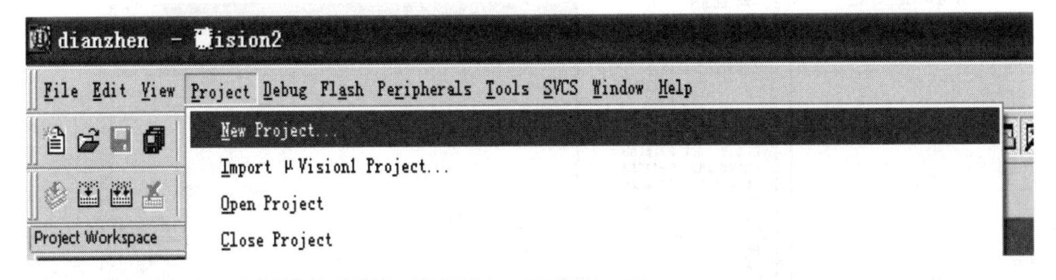

图 3.3.1 选中新工程

选择要保存的路径，输入工程文件的名字，如“lei”，如图 3.3.2 所示。

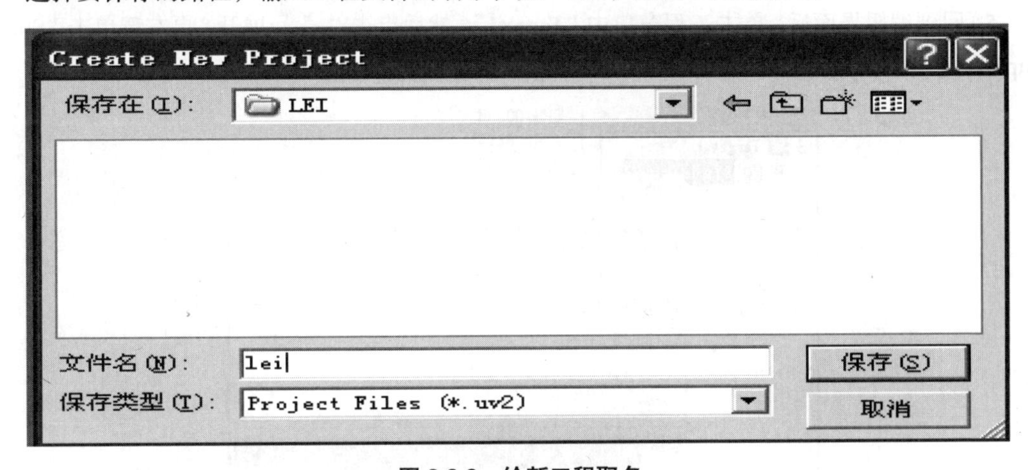

图 3.3.2 给新工程取名

点击“保存”按钮，会弹出一对话框，选择单片机型号为 Atmel 的 89C51，如图 3.3.3 所示。此时工程文件已经建立。

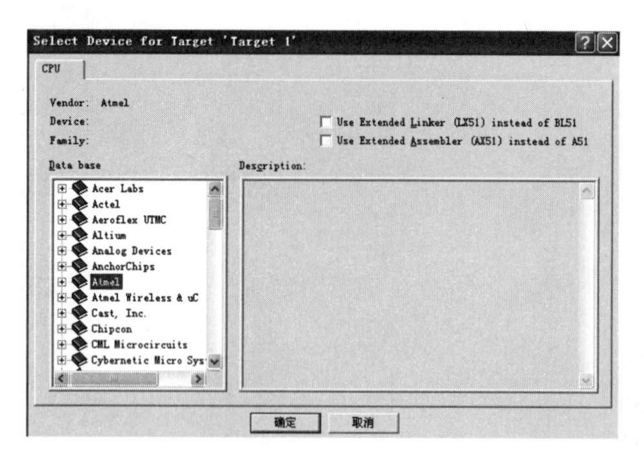

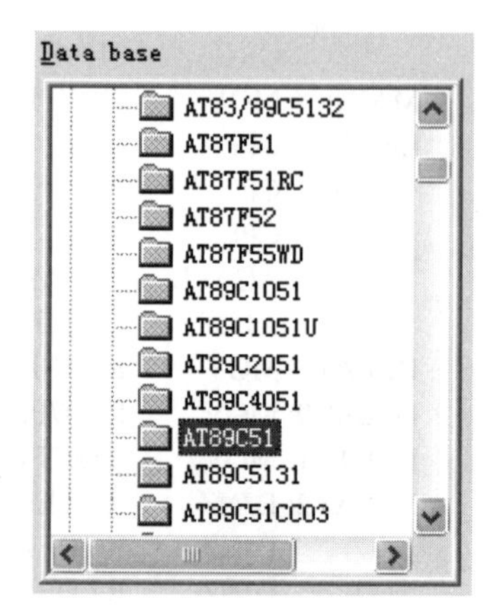

图 3.3.3　选择单片机型号

（4）单击菜单命令 “File” → “New”，将实验程序输入后保存。再单击菜单命令 “File” → “Save As”，注意一定要加扩展名.asm，然后单击 “保存” 按钮，如图 3.3.4 所示。

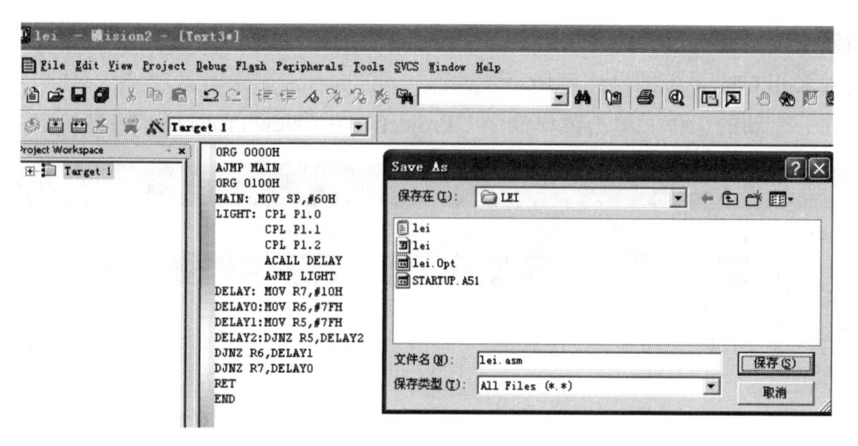

图 3.3.4　编辑程序并保存

（5）回到编辑界面后，单击工程窗口中 “Target1”，然后点击 “+” 号展开，再右键单击 “Source group1”，选择 “Add File to Group ‘source Group1’”，如图 3.3.5 所示。

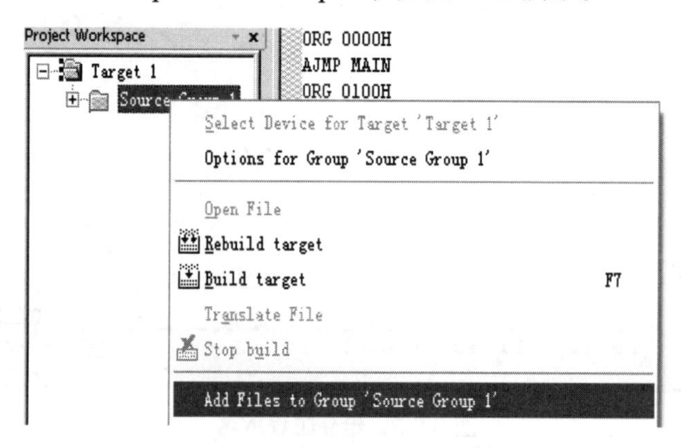

图 3.3.5　选中添加文件界面

此时会弹出对话窗口，注意选择文件类型为.asm 的源文件，点击 “Add” 按钮，如图 3.3.6 所示。

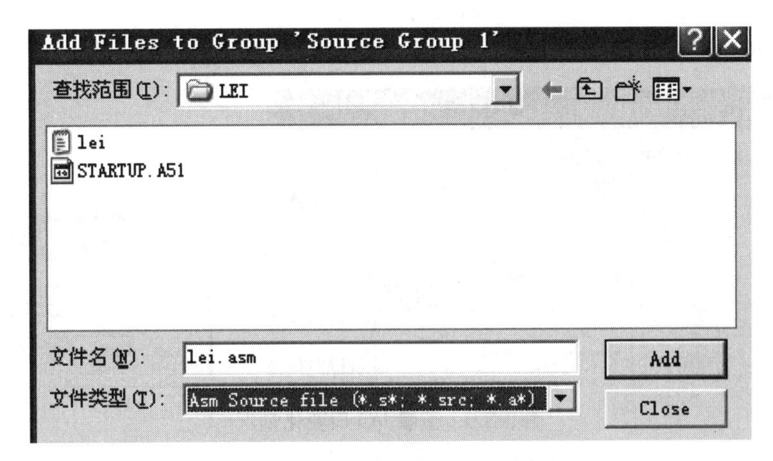

图 3.3.6　选中要添加的文件名

（6）对文件进行编译、链接。依次点击按钮、、。在编译时如发现程序有错误，则会有错误报告出现。双击该行，可以定位出错位置。反复修改直到无错后出现“0 Error(s), 0 Warring(s)”，如图 3.3.7 所示。

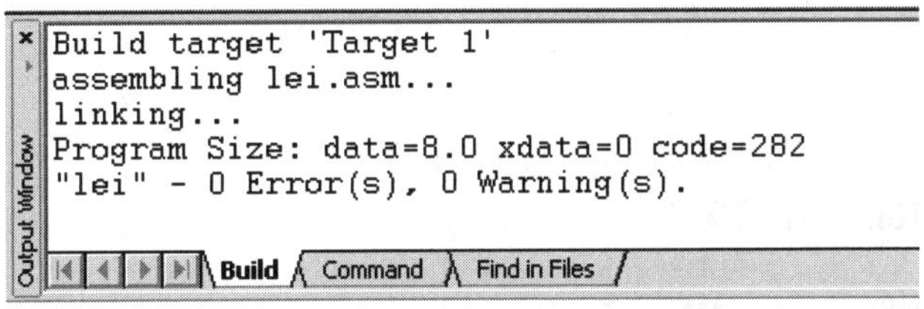

```
Build target 'Target 1'
assembling lei.asm...
linking...
Program Size: data=8.0 xdata=0 code=282
"lei" - 0 Error(s), 0 Warning(s).
```

Output Window | Build | Command | Find in Files

图 3.3.7　编译、链接时错误显示窗口

（7）使用按钮对程序进行调试，在工程窗口可以看到运行程序后各寄存器或内存单元的结果。点击按钮可对各个单元情况进行观察，如图 3.3.8 所示。还可在窗口中双击某行对其进行设置断点操作，再次双击则取消断点。

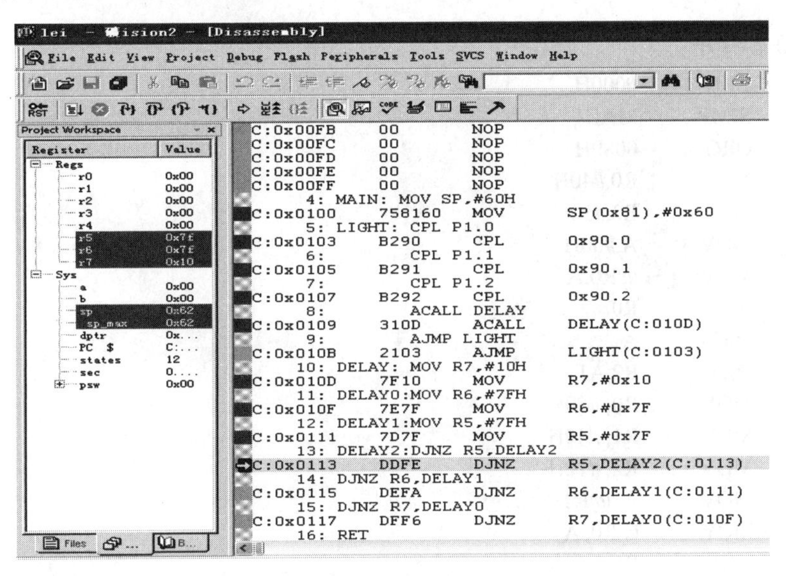

图 3.3.8　查看各寄存器或内存单元情况

若要观察 I/O 口的变化，则可点击“Peripherals”→“I/O-Ports”，如图 3.3.9 所示。

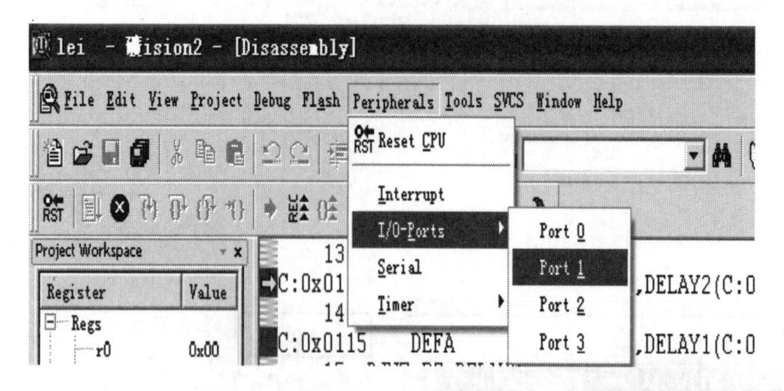

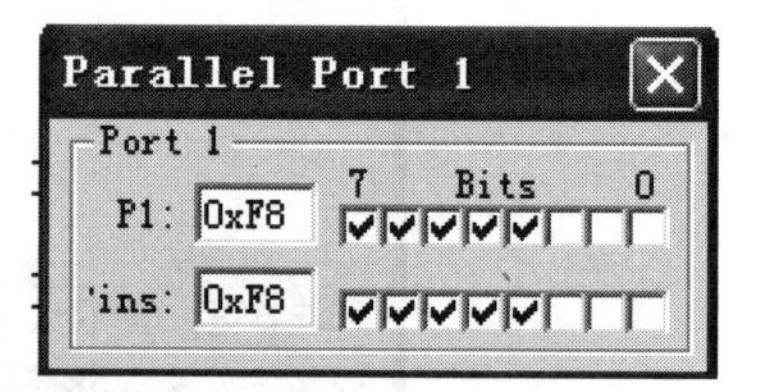

图 3.3.9　查看 I/O 口变化情况

实验中还可采用全速运行按钮，代替三个单步运行按钮运行程序。

实验四　数据块传送程序

一、实验目的

（1）熟悉 8051 汇编语言程序设计和调试方法；

（2）进一步熟悉 Keil C51 的运用。

二、实验要求

将 AT89C51 内部 RAM 40H～4FH 单元置初值 0～9，ABCDEF，然后将 40H～4FH 单元的内容传送到内部 RAM 中的 50H～5FH 单元。

三、参考程序

1. 汇编语言程序

```
        ORG     0000H
        SJMP    MAIN
        ORG     0080H
MAIN:   MOV     R0,#40H
        MOV     R2,#10H
        MOV     A,#00H
A1:     MOV     @R0,A
        INC     R0
        INC     A
        DJNZ    R2,A1
        MOV     R0, #50H
        MOV     R1, #40H
        MOV     R2, #10H
A2:     MOV     A, @R1
        MOV     @R0, A
        INC     R0
        INC     R1
```

```
        DJNZ    R2, A2
A3:     SJMP    A3
        END
```

2. C 语言程序

```
#include <reg51.h>
 data unsigned char m1[16] _at_ 0x40;
 data unsigned char m2[16] _at_ 0x50;
main()
{    unsigned char i;
        for(i=0;i<16;i++)
            m1[i]=i;
      for(i=0;i<16;i++)
            m2[i]=m1[i];
        while(1);
}
```

四、实验步骤

（1）进入 Keil C51 系统的操作环境；

（2）建立一个工程；

（3）输入汇编程序；

（4）对源文件进行编译，生成目标代码；

（5）运行、调试程序和结果检查。在 Debug 窗口中，分别采用单步、执行到光标处等命令运行程序。

五、预习要求

（1）掌握数据传送指令、转移指令的使用方法；

（2）掌握单步运行程序的方法。

实验五　数据排序程序

一、实验目的

（1）熟悉汇编语言循环结构程序的设计方法；

（2）掌握汇编语言程序的调试方法。

二、实验要求

设 AT89C51 片内 RAM 50H ~ 59H 单元中的数据依次为 56H、88H、34H、57H、18H、62H、43H、25H、03H、32H，设计一个排序程序将此 10 个单元的数据按从小到大的次序重新排列。

三、参考程序

C 语言参考程序：

```
#include <reg51.h>
data unsigned char m1[10] _at_ 0x50;
main()
{
        unsigned char i,j,temp;
        m1[0]=0x56;
        m1[1]=0x88;
        m1[2]=0x34;
        m1[3]=0x57;
        m1[4]=0x18;
        m1[5]=0x62;
        m1[6]=0x43;
        m1[7]=0x25;
        m1[8]=0x03;
        m1[9]=0x32;
      for(i=0;i<10;i++)
        for(j=i+1;j<10;j++)
         if(m1[i]>m1[j])
          {
           temp=m1[i];
             m1[i]=m1[j];
             m1[j]=temp;
              }
         while(1);
}
```

四、实验步骤

（1）根据实验内容编制相应的汇编语言程序；

（2）进入 Keil C51 开发环境调试、运行该程序。

五、预习要求

（1）熟悉 8051 汇编语言循环结构程序的特点；

（2）掌握 Keil C51 中连续运行程序的方法和设置断点运行程序的方法。

实验六　跑马灯电路

一、实验目的

（1）掌握 Proteus 软件的使用方法；

（2）调试跑马灯电路的汇编语言程序；

（3）绘制跑马灯电路原理图，实现电路的仿真。

二、实验要求

跑马灯电路，即实现 P1 口上的 8 个发光二极管循环闪亮的电路。

三、电路原理及仿真图（见图 3.6.1）

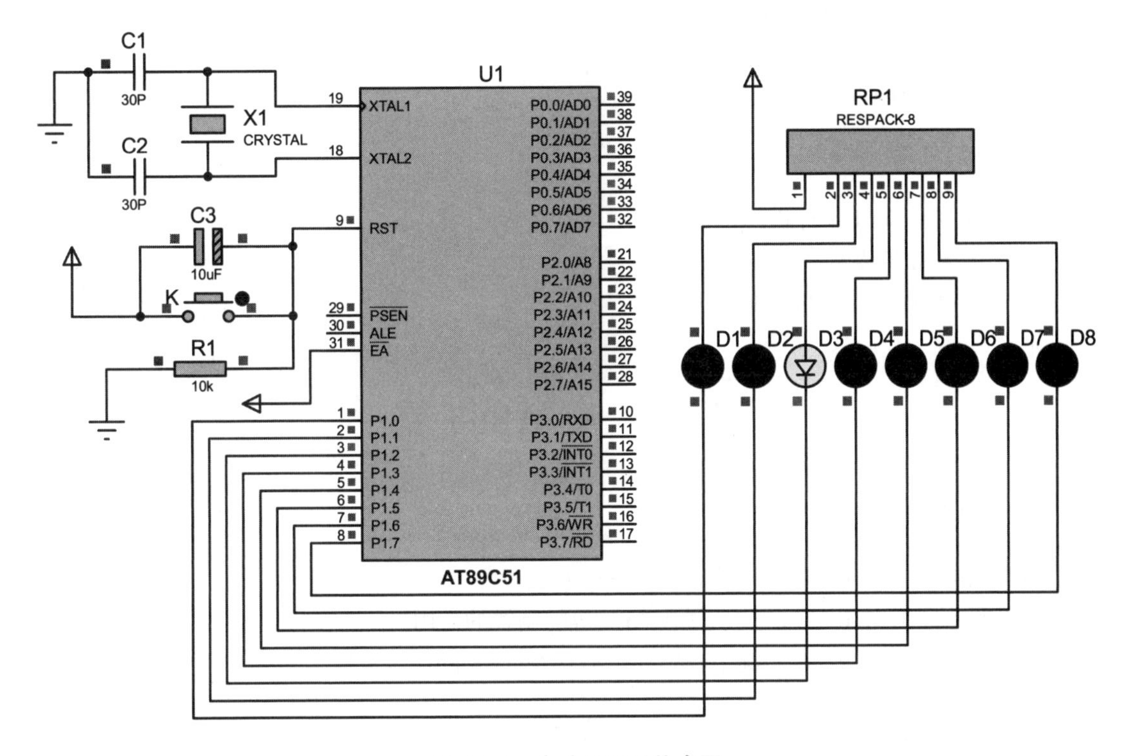

图 3.6.1　电路原理及仿真图

四、参考程序

```
        ORG     0000H
        AJMP    MAIN
        ORG     30H
MAIN:   MOV     R2,#16
        MOV     A,#0FEH
LOOP:   MOV     P1,A
        LCALL   D1
        RL A
        DJNZ    R2,LOOP
D1:     MOV     R4,#10
D2:     MOV     R5,#100
D3:     MOV     R6,#249
        DJNZ    R6,$
        DJNZ    R5,D3
        DJNZ    R4,D2
        RET
        END
```

五、实验步骤

（1）进入 Keil C51 系统的操作环境；

（2）建立一个工程；

（3）输入汇编程序；
（4）对源文件进行编译，生成目标代码；
（5）运行、调试程序和结果检查；
（6）绘制电路原理图，实现电路的仿真。

六、预习要求

（1）熟练掌握 8051 单片机的基本指令；
（2）阅读 Keil 教程；
（3）熟悉 Proteus 软件的基本用法。

实验七　RAM 的扩展

一、实验目的

（1）掌握扩展片外 RAM 的电路和程序设计方法；
（2）理解扩展片外 RAM 时读、写和 ALE 等控制线的作用；
（3）了解访问片外 RAM 情况下，单片机指令 MOVX 的执行进程。

二、实验要求

在 Keil C51 系统中运行、调试程序。在 Proteus 系统中，画出实验电路图并进行仿真。

三、电路原理及仿真图（见图 3.7.1）

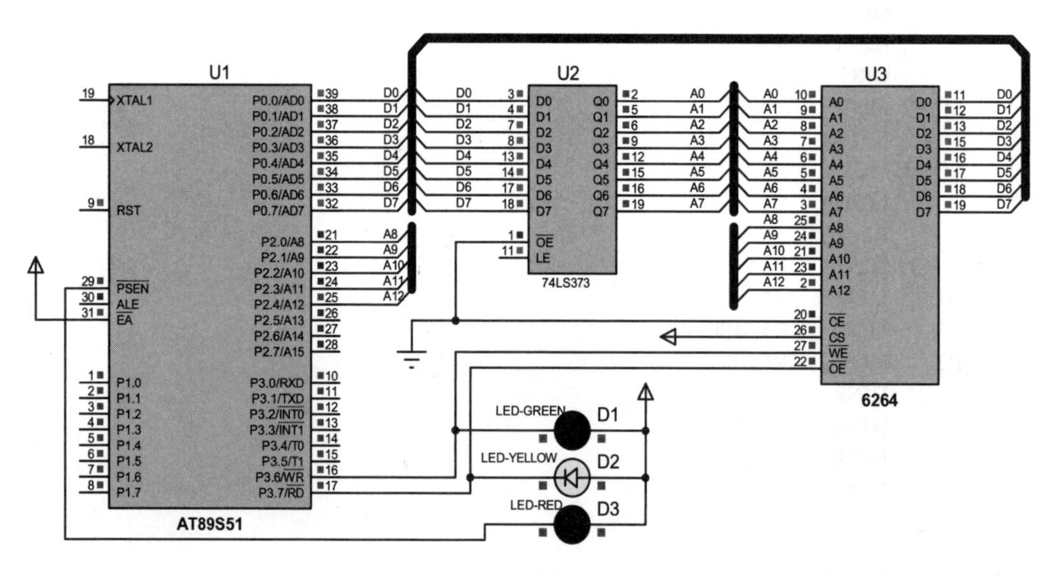

图 3.7.1　电路原理及仿真图

四、参考程序

1. 汇编语言程序

```
        ORG     00H
        MOV     DPTR, #1000H
        MOV     A, #68H
STAR:   MOVX    @DPTR, A
        MOVX    A, @DPTR
        MOV     30H, A
        LJMP    STAR
        END
```

2. C 语言程序

```
#include <reg51.h>
xdata unsigned char   t _at_ 0x1000;
data unsigned char ti _at_ 0x30;
main()
{
  while(1)
          {   t=0x68;
              ti=t;
          }
}
```

五、实验步骤

（1）进入 Keil C51 软件的操作环境，编辑源程序并对源文件进行编译；

（2）进入 Proteus 系统，画出实验电路图；

（3）对 Proteus 系统和 Keil C51 系统进行联机设置；

（4）在 Keil C51 系统中调试、运行程序，在 Proteus 系统中检查输出结果。

六、预习要求

（1）掌握 74LS373、6264 的引脚功能及应用方法；

（2）熟悉 Proteus 元件库及元件的查找方法；

（3）掌握 MOVX 指令及其用法。

实验八　简单 I/O 接口的扩展

一、实验目的

（1）学习在单片机系统中扩展简单 I/O 接口的方法；

（2）学习数据输入、输出程序的编制方法。

二、实验要求

利用 74LS244 作为扩展的输入口，读取此输入口的状态，通过 P1 口驱动发光二极管显示出来。

三、电路原理及仿真图（见图 3.8.1）

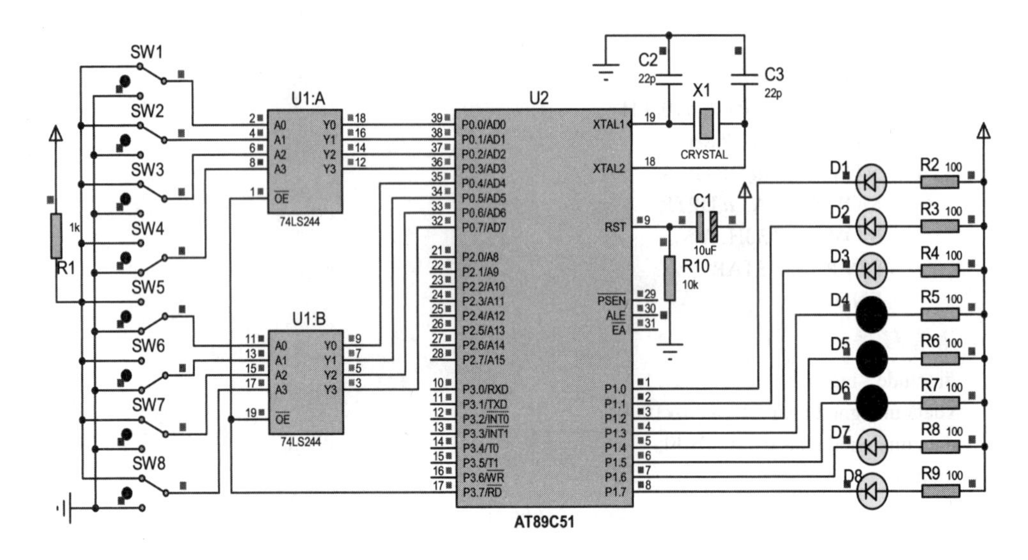

图 3.8.1　电路原理及仿真图

四、参考程序

```
#include <reg51.h>
sbit p00=P0^0;
main()
{
        unsigned char p3;
        while(1)
{
          p00=0;
          p3=P3;
          P1=p3;
}
}
```

五、实验步骤

（1）进入 Proteus 系统，画出实验电路图；

（2）进入 Keil C51 软件的操作环境，编辑源程序并对源文件进行编译；

（3）对 Proteus 系统和 Keil C51 系统进行联机设置；

（4）在 Keil C51 系统中调试、运行程序，在 Proteus 系统中检查输出结果。

六、预习要求

（1）掌握 74LS244 的引脚功能及应用方法；

（2）熟悉 Proteus 元件库及元件的查找方法；

（3）掌握 8051 单片机 I/O 接口的特点及用法。

实验九　报警电路的设计

一、实验目的

（1）熟悉方波信号的程序设计方法；

（2）掌握定时器中断的实现方法。

二、实验要求

用 AT89S51 单片机产生“嘀、嘀……”报警声，从 P1.0 端口输出，频率为 1 kHz。

三、电路原理及仿真图（见图 3.9.1）

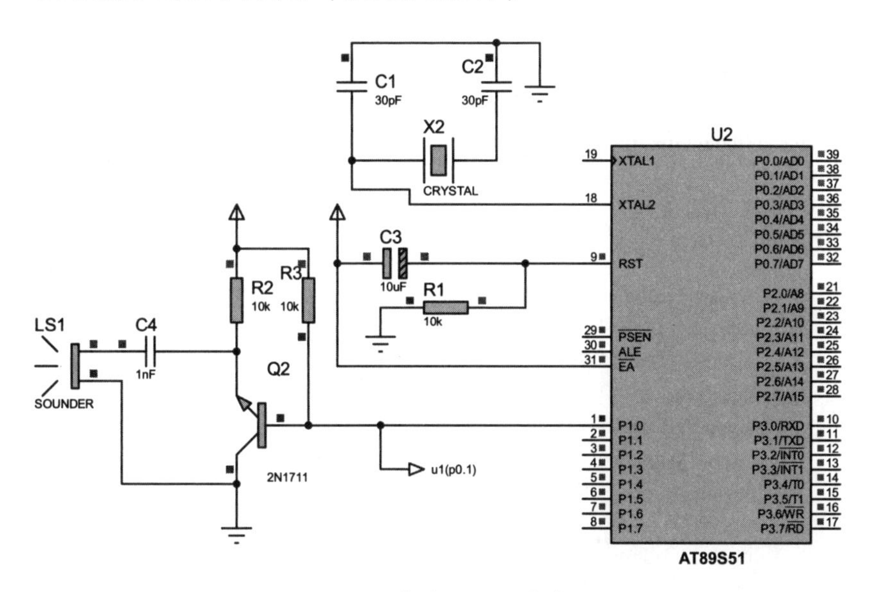

图 3.9.1　电路原理及仿真图

四、参考程序

1. 汇编语言程序

```
        TCOUNT  EQU     30H
        FLAG    BIT     00H
        ORG     00H
        SJMP    START
        ORG     0BH
        LJMP    INT_T0
START:  CLR     FLAG                            ;标志位
        MOV     TCOUNT,#00H
        MOV     TCOUNT,#00H
        MOV     TMOD,#01H
        MOV     TH0,#(65536-1000)/256
        MOV     TL0,#(65536-1000)MOD 256
        MOV     IE,#82H                         ;开中断
```

```
            SETB    TR0                         ;启动定时器
            SJMP    $
INT_T0:     MOV     TH0,#(65536-1000)/256
            MOV     TL0,#(65536-1000)MOD 256
            INC     TCOUNT
            MOV     A,TCOUNT
            CJNE    A,#250,I1                   ;是否计满 0.25 秒
            CPL     FLAG
            MOV     TCOUNT,#00H
I1:         JB      FLAG,I2                     ;检查标志位
            CPL     P1.0
            SJMP    RETUNE
I2:         CLR     P1.0
RETUNE:     RETI
            END
```

2. C 语言参考程序

```
#include <reg51.h>
unsigned char tcount=0x30;
bit b=0;
sbit p10=P1^0;
void INT_0() interrupt 1
{
        TH0=64536/256;
        TL0=64536%256;
        tcount++;
        if(tcount>250)
          if(b) p10=0;
          else p10=!p10;
        else {b=!b;tcount=0;}
}
main()
{
        b=0;
        tcount=0;
        tcount=0;
        TMOD=0x01;
        TH0=64536/256;
        TL0=64536%256;
        IE=0x82;
        TR0=1;
        while(1);
}
```

五、实验步骤

（1）进入 Keil C51 软件的操作环境，编辑源程序并对源文件进行编译；
（2）进入 Proteus 系统，画出实验电路图；
（3）对 Proteus 系统和 Keil C51 系统进行联机设置；
（4）在 Keil C51 系统中调试、运行程序，在 Proteus 系统中检查输出结果。

六、预习要求

（1）熟悉定时器的工作原理；
（2）熟悉定时器中断的实现方法。

实验十　LED 显示接口

一、实验目的

（1）掌握单片机 LED 数码显示器的接口方法；
（2）掌握动态扫描显示程序的编程方法和调试方法。

二、实验要求

编制动态显示扫描程序，显示位数为 8 位。显示字符 1 ~ 8，每一字符从左到右循环显示。

三、电路原理及仿真图（见图 3.10.1）

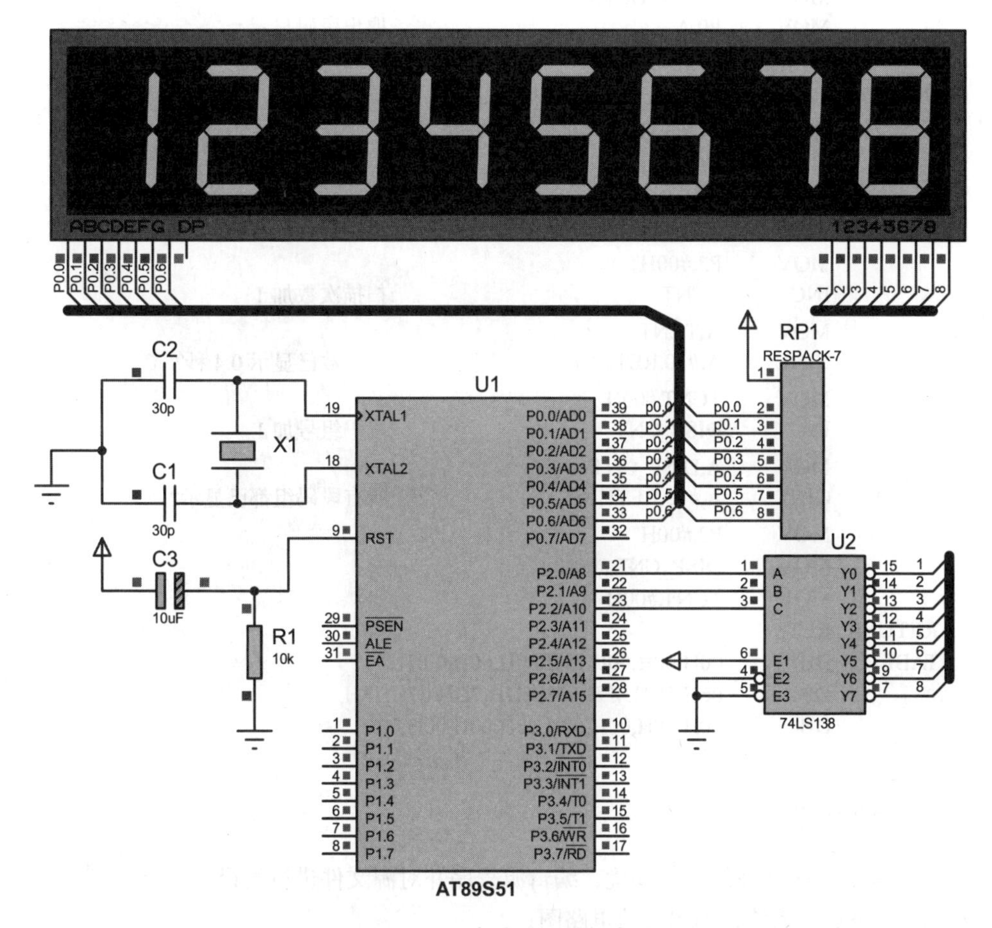

图 3.10.1　电路原理及仿真图

四、参考程序

```
          DISP_CNT    EQU    30H
          TCNT        EQU    31H
          ORG     00H
          SJMP    START
          ORG     0BH
          LJMP    INT_T0
START:    MOV     DISP_CNT,#00H
          MOV     TCNT,#00H
          MOV     P2,#00H
          MOV     TMOD,#01H
          MOV     TH0,#(65536-5000)/256
          MOV     TL0,#(65536-5000)MOD 256
          MOV     IE,#82H
          SETB    TR0
DISP:     MOV     A,DISP_CNT              ;段码组号
          MOV     DPTR,#TABLE
          MOV     R0,P2                   ;读取位选信息
          ADD     A,R0                    ;得到偏移地址
          MOVC    A,@A+DPTR
          MOV     P0,A                    ;取出段码显示
          LJMP    DISP
INT_T0:   MOV     TH0,#(65536-5000)/256
          MOV     TL0,#(65536-5000)MOD 256
          INC     P2                      ;数码管位选信号
          MOV     A,P2
          CJNE    A,#08H,RETUNE           ;已扫描一次?
          MOV     P2,#00H
          INC     TCNT                    ;扫描次数加 1
          MOV     A,TCNT
          CJNE    A,#10,RETUNE            ;一组数已显示 0.4 秒?
          MOV     TCNT,#00H
          INC     DISP_CNT                ;段码组号加 1
          MOV     A,DISP_CNT
          CJNE    A,#15,RETUNE            ;所有段码组都已显示?
          MOV     P2,#00H
          MOV     DISP_CNT,#00H
          MOV     TCNT,#00H
RETUNE:   RETI
TABLE:    DB      00H,00H,00H,00H,00H,00H,00H
          DB      06H,5BH,4FH,66H,6DH,7DH,07H,7FH
          DB      00H,00H,00H,00H,00H,00H,00H,00H
          END
```

五、实验步骤

（1）进入 Keil C51 软件的操作环境，编辑源程序并对源文件进行编译；

（2）进入 Proteus 系统，画出实验电路图；

（3）对 Proteus 系统和 Keil C51 系统进行联机设置；
（4）在 Keil C51 系统中调试、运行程序，在 Proteus 系统中检查输出结果。

六、预习要求

（1）熟悉单片机 LED 数码显示器的接口方法；
（2）熟悉 74LS138 的引脚及功能；
（3）熟悉动态扫描显示程序的编程方法。

实验十一 60 秒计数器

一、实验目的

（1）掌握软件精确延时的计算方法和程序设计方法；
（2）掌握用查表指令实现数码显示的方法。

二、实验要求

采用软件精确延时的方法完成，并在数码管上显示数值。每隔 1 秒钟，秒计数单元加 1；当秒计数达到 60 次时，就自动返回到 0，重新开始秒计数。

三、电路原理及仿真图（见图 3.11.1）

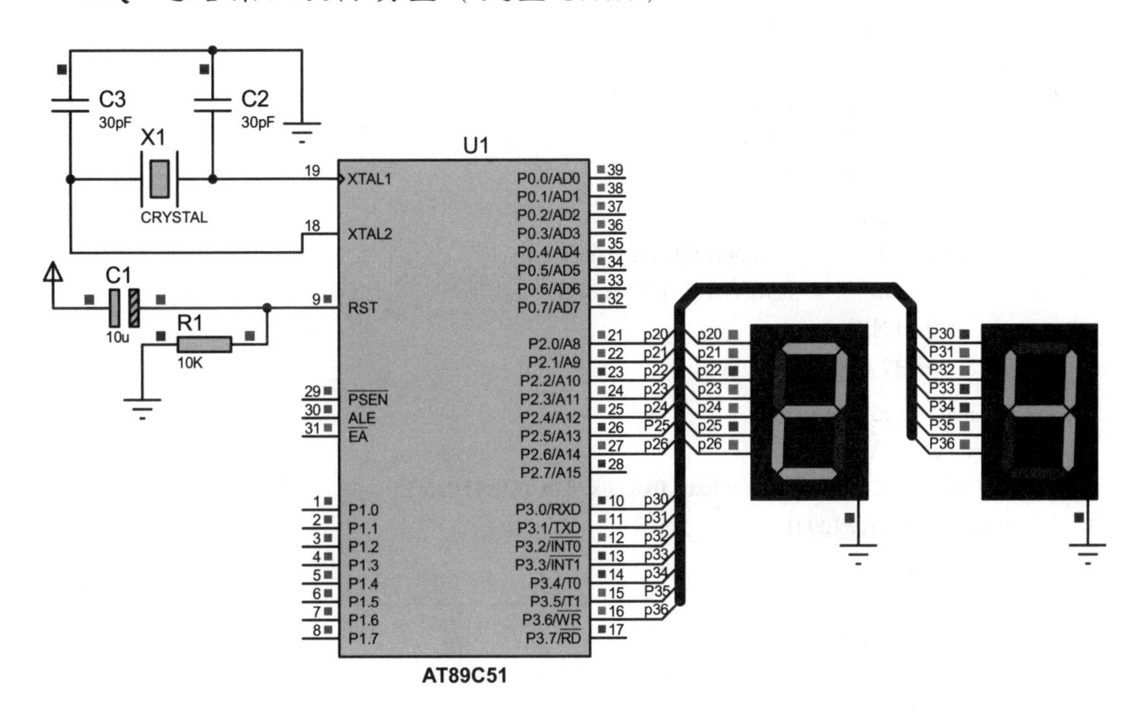

图 3.11.1 电路原理及仿真图

四、参考程序

1. 汇编语言程序

```
        ORG     00H
START:  MOV     DPTR,#TABLE
        MOV     R0,#00H
S1:     MOV     P3,#00H
        MOV     P2,#00H
S2:     MOV     R1,#10
        MOV     A,R0
        MOV     B,R1
        DIV     AB
        MOVC    A,@A+DPTR
        MOV     P2,A
        MOV     A,B
        MOVC    A,@A+DPTR
        MOV     P3,A
        LCALL   DELAY
        INC     R0
        CJNE    R0,#60,S2
        MOV     R0,#00H
        LJMP    S1
DELAY:  MOV     R5,#100
D1:     MOV     R6,#20
D2:     MOV     R7,#248
        DJNZ    R7,$
        DJNZ    R6,D2
        DJNZ    R5,D1
        RET
TABLE:  DB      3FH,06H,5BH,4FH,66H
        DB      6DH,7DH,07H,7FH,6FH
        END
```

2. C 语言参考程序

```
#include <reg51.h>
Unsigned     char
tab[10]={0x3f,0x06,0x5b,0x4f,0x66,0x6d,0x7d,0x07,0x7f,0x6f};
unsigned char r0,r1,t0,t1;
void delay()
{
        unsigned int times;
  for(times=0;times<20000;times++);
}
main()
```

```
{
        r0=0;
while(1)
{
        P3=0;P2=0;
        while(r0!=60)
      {
        r1=10;
            t0=r0/r1;
            t1=r0%r1;
          P2=tab[t0];
          P3=tab[t1];
            delay();
          r0++;
          }
       r0=0;
}
}
```

五、实验步骤

(1)进入 Keil C51 软件的操作环境，编辑源程序并对源文件进行编译；
(2)进入 Proteus 系统，画出实验电路图；
(3)对 Proteus 系统和 Keil C51 系统进行联机设置；
(4)在 Keil C51 系统中调试、运行程序，在 Proteus 系统中检查输出结果。

六、预习要求

(1)熟悉软件延时程序结构及编程方法；
(2)熟悉查表指令及其用法。

实验十二　电子秒表

一、实验目的

掌握定时器/计数器的工作原理和编程方法。

二、实验要求

利用 AT89C51 单片机制作电子秒表，实现第一次按键开始计数，第二次按键停止计数，第三次按键复位清零。

三、电路原理及仿真图（见图 3.12.1）

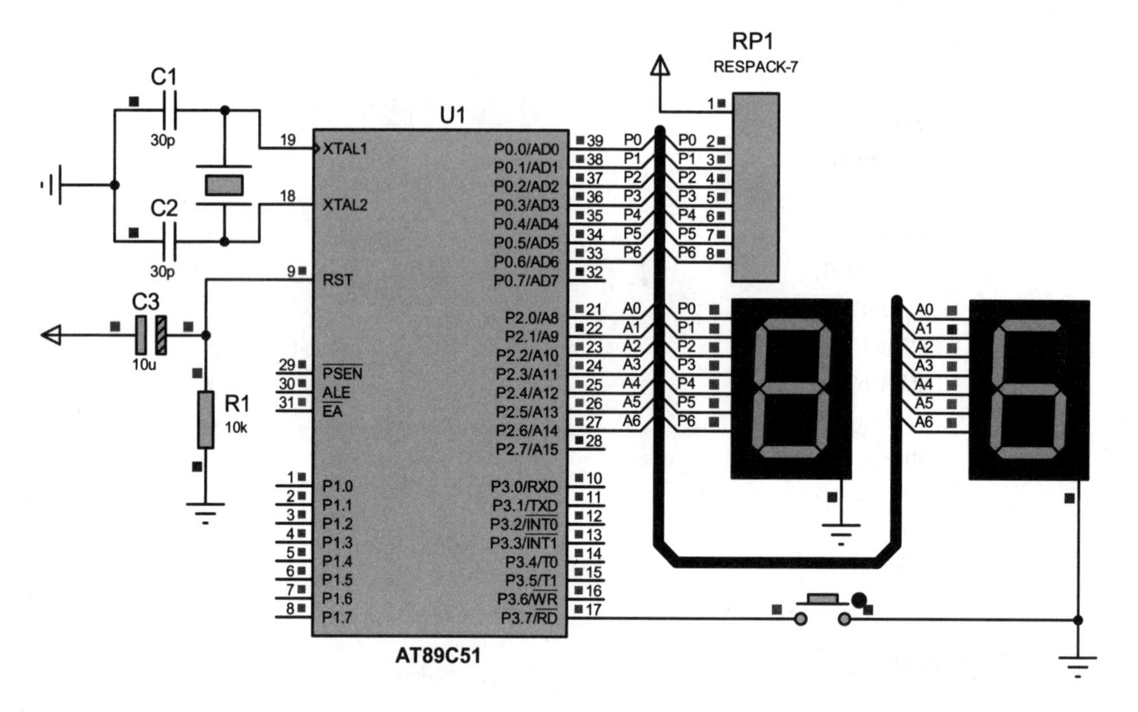

图 3.12.1　电路原理及仿真图

四、参考程序

```
SECOND  EQU     30H
TCOUNT  EQU     31H
KCOUNT  EQU     32H
KEY     BIT     P3.7
        ORG     00H
        SJMP    START
        ORG     0BH
        LJMP    INT_T0
START:  MOV     DPTR,#TABLE
        MOV     P0,#3FH
        MOV     P2,#3FH                         ;开始，数码管显示“00”
        MOV     SECOND,#00H
        MOV     TCOUNT,#00H
        MOV     KCOUNT,#00H
        MOV     TMOD,#01H                       ;定时器 0 工作在方式 1
        MOV     TL0,#(65536-50000)/256
        MOV     TH0,#(65536-50000) MOD  256
K1:     JB      KEY,$                           ;等待按键
        LCALL   DELAY
        JB      KEY,$
        MOV     A,KCOUNT
        CJNE    A,#00H,K2;判断按键次数
        SETB    TR0                             ;第 1 次按键,启动定时器
```

```
        MOV     IE,#82H
        JNB     KEY,$
        INC     KCOUNT                      ;按键抬起,按键次数值加 1
        LJMP    K1
K2:     CJNE    A,#01H,K3
        CLR     TR0                         ;第 2 次按键,关闭定时器
        MOV     IE,#00H
        JNB     KEY,$
        INC     KCOUNT                      ;按键抬起,按键次数值加 1
        LJMP    K1
K3:     CJNE    A,#02H,K1                   ;第 3 次按键,返回初始状态
        JNB     KEY,$
        LJMP    START
INT_T0: MOV     TH0,#(65536-50000)/256
        MOV     TL0,#(65536-50000) MOD 256
        INC     TCOUNT
        MOV     A,TCOUNT
        CJNE    A,#2,I2                     ;是否计够 0.1 秒
        MOV     TCOUNT,#00H
        INC     SECOND
        MOV     A,SECOND
        CJNE    A,#100,I1                   ;是否计够 10 秒
        MOV     SECOND,#00H
I1:     MOV     A,SECOND
        MOV     B,#10
        DIV     AB
        MOVC    A,@A+DPTR                   ;显示时间
        MOV     P0,A
        MOV     A,B
        MOVC    A,@A+DPTR
        MOV     P2,A
I2:     RETI
TABLE:  DB      3FH,06H,5BH,4FH,66H
        DB      6DH,7DH,07H,7FH,6FH
DELAY:  MOV     R6,#20
D1:     MOV     R7,#250
        DJNZ    R7,$
        DJNZ    R6,D1
        RET
        END
```

五、实验步骤

（1）进入 Keil C51 软件的操作环境，编辑源程序并对源文件进行编译；

（2）进入 Proteus 系统，画出实验电路图；

（3）对 Proteus 系统和 Keil C51 系统进行联机设置；

（4）在 Keil C51 系统中调试、运行程序，在 Proteus 系统中检查输出结果。

六、预习要求

（1）熟悉中断处理过程；

（2）熟悉在不同工作方式下，定时/计数器初值的计算方法。

实验十三　8255 并行接口的扩展

一、实验目的

通过实验掌握 8255 扩展 I/O 口的方法。

二、实验要求

使用 8255 扩展 AT89S51 的并行 I/O 口，在扩展的 8255 的 PA、PB 口上分别接上 8 位数码管的段码和位码，并循环显示数字。

三、电路原理及仿真图（见图 3.13.1）

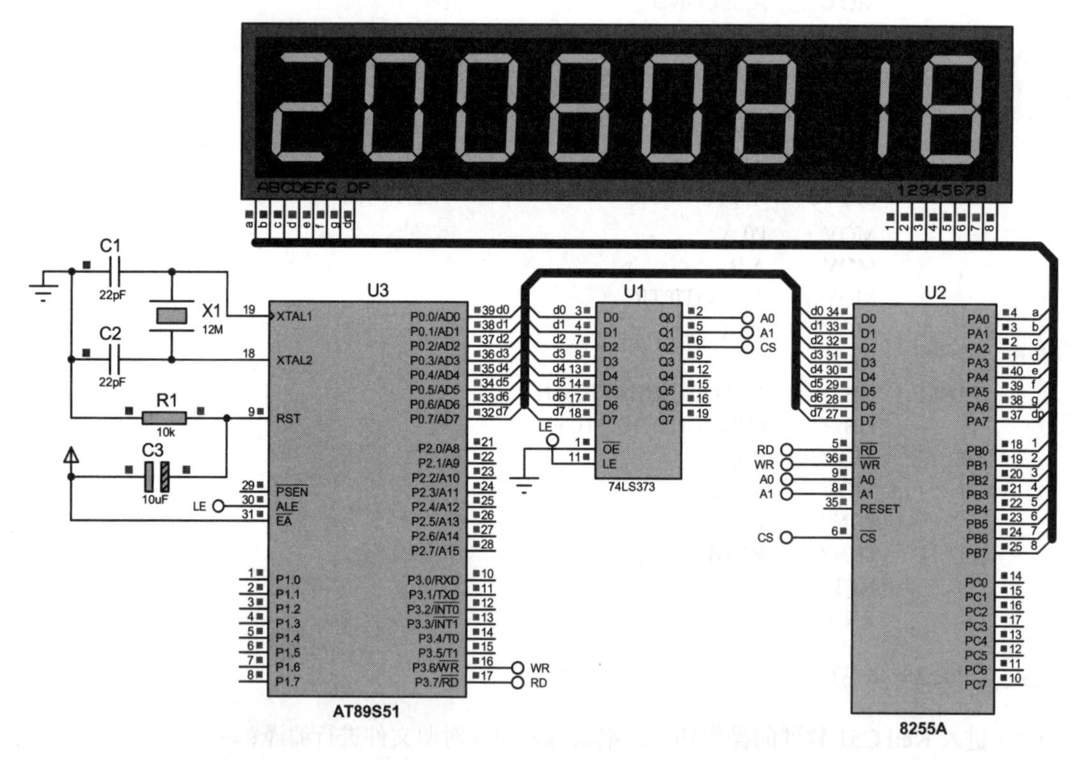

图 3.13.1　电路原理及仿真图

四、参考程序

```
#include <reg52.h>
#include <absacc.h>
```

```
#define uint unsigned int
#define uchar unsigned char
#define PA XBYTE[0x0000]
#define PB XBYTE[0x0001]
#define PC XBYTE[0x0002]
#define COM XBYTE[0x0003]

uchar code DSY_CODE_Queue[]=
{
	0xff,0xff,0xff,0xff,0xff,0xff,0xff,
	0xa4,0xc0,0xc0,0x80,0xc0,0x80,0xf9,0x80,
	0xff,0xff,0xff,0xff,0xff,0xff,0xff
};
uchar code DSY_Index[]=
{
	0x01,0x02,0x04,0x08,0x10,0x20,0x40,0x80
};
void Delay(uint x)
{
	uchar i;
	while(x--)
	{
		for(i=0;i<120;i++);
	}
}
void main()
{
	uchar i,j,k;
	COM = 0x80;
	while(1)
	{
		for(j=0;j<40;j++)
		{
			for(k=0;k<8;k++)
			{
				PB = DSY_Index[k];
				PA = DSY_CODE_Queue[k+i];
				Delay(1);
			}
		}
		i = (i+1)%15;
	}
}
```

五、实验步骤

（1）进入 Keil C51 软件的操作环境，编辑源程序并对源文件进行编译；

（2）进入 Proteus 系统，画出实验电路图；

（3）对 Proteus 系统和 Keil C51 系统进行联机设置；

（4）在 Keil C51 系统中调试、运行程序，在 Proteus 系统中检查输出结果。

六、预习要求

（1）了解 8255 的工作方式及其设置；

（2）根据电路连接图，确定 8255 的 PA、PB、PC 的地址。

实验十四　键盘接口

一、实验目的

（1）熟悉单片机矩阵键盘的接口方法。

（2）掌握键盘扫描及处理程序的编程方法和调试方法。

二、实验要求

编程实现按下数字键盘后在数码管上能显示相应数字。

三、电路原理及仿真图（见图 3.14.1）

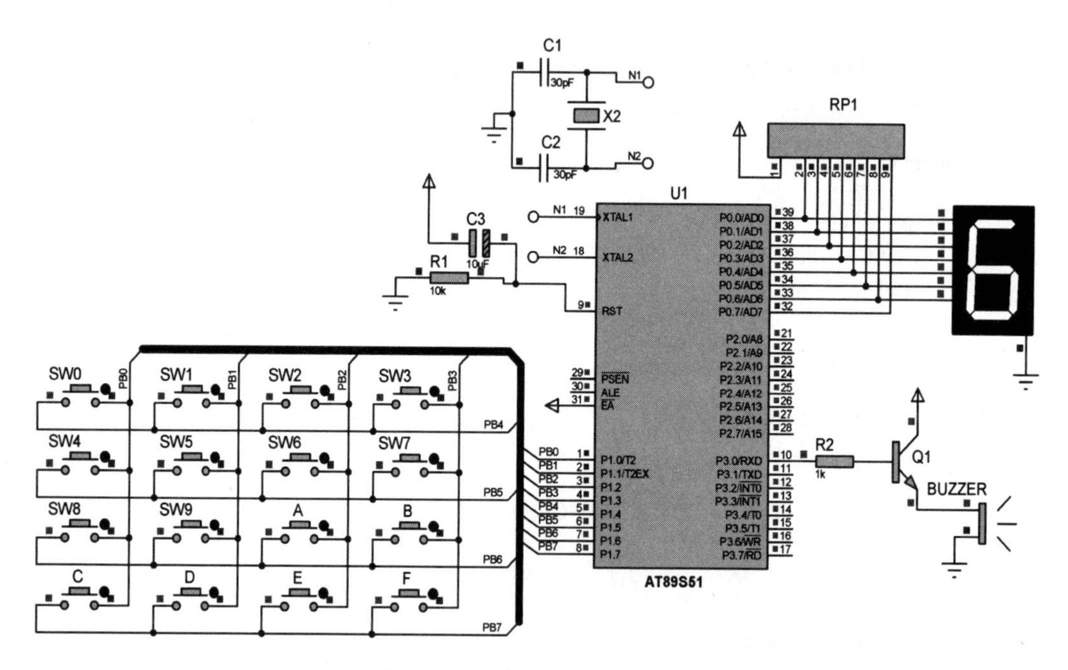

图 3.14.1　电路原理及仿真图

四、参考程序

```
/*
*数码管显示 4*4 键盘矩阵按键*
*/
#include <reg51.h>
typedef unsigned char uint8;
```

```
typedef unsigned int uint16;

#define BUZZER() P3 ^= 0x01

code uint8 LED_CODE[] = {0x3F,0x06,0x5B,0x4F,0x66,0x6D,0x7D,0x07,
                        0x7F,0x6F,0x77,0x7C,0x39,0x5E,0x79,0x71};

void delay(uint16 x)
{
    uint16 i,j;
    for(i = x; i > 0; i --)
        for(j = 114; j > 0; j --);
}

uint8 Pre_KeyNO = 16,KeyNO = 16;

void Keys_Scan()
{
    uint8 Tmp;
    P1 = 0x0f;
    delay(1);
    Tmp = P1 ^ 0x0f;                    //高 4 位输出，低 4 位输入
    switch(Tmp)
    {
        case 1: KeyNO = 0; break;
        case 2: KeyNO = 1; break;
        case 4: KeyNO = 2; break;
        case 8: KeyNO = 3; break;
        default: KeyNO = 16;
    }
    P1 = 0xf0;
    delay(1);
    Tmp = P1 >> 4 ^ 0x0f;               //高 4 位输入，低 4 位输出
    switch(Tmp)
    {
        case 1: KeyNO += 0; break;
        case 2: KeyNO += 4; break;
        case 4: KeyNO += 8; break;
        case 8: KeyNO += 12;
    }
}

void Beep()
{
    uint8 i;
    for(i=0;i<100;i++)
    {
```

```
                delay(1);BUZZER();
        }
}

void main()
{
        P0 = 0x00;
        while(1)
        {
                P1 = 0xf0;
                if(P1 != 0xf0)
                        Keys_Scan();
                if(Pre_KeyNO != KeyNO)
                {
                        P0 = LED_CODE[KeyNO];
                        Beep();
                        Pre_KeyNO = KeyNO;
                }
                delay(10);
        }
}
```

五、实验步骤

（1）在 Keil C51 软件环境中，编辑源程序并对源程序进行编译，生成目标代码；

（2）运行、调试程序和结果检查；

（3）在 Proteus 软件环境中，绘制电路原理图并进行联合调试仿真。

六、预习要求

（1）了解各种键盘电路及编程方法；

（2）理解矩阵键盘接口电路的编程思想。

实验十五　串行接口

一、实验目的

（1）掌握 8051 串行口方式 0 的工作方式及编程方法；

（2）掌握利用串行口扩展 I/O 通道的方法。

二、实验要求

利用 8051 串行口与串行移位并行输出移位寄存器 74LS164 扩展 I/O 口，在数码显示器上循环显示 0 ~ 9 这十个数字。显示时间间隔为 1 秒。

三、电路原理及仿真图（见图 3.15.1）

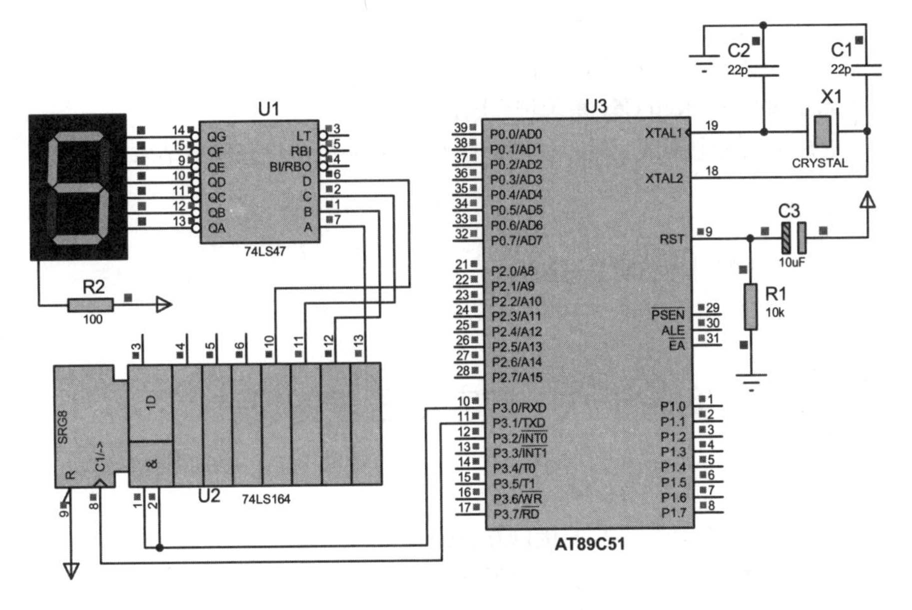

图 3.15.1　电路原理及仿真图

四、参考程序

```
#include <reg51.h>
unsigned char sdata=0x0;
void delay()
{
    unsigned int times;
    for(times=0;times<20000;times++);
}
void s_port() interrupt 4
{
     if(sdata==0x9) sdata=0x0;
     else              sdata++;
          TI=0;
     }
main()
{
        EA=1;
        ES=1;
        SCON=0x0;
        SBUF=sdata;
        while(1)
     {
delay();
         SBUF=sdata;
     }
}
```

五、实验步骤

（1）进入 Keil C51 软件的操作环境，编辑源程序并对源文件进行编译；

（2）进入 Proteus 系统，画出实验电路图；

（3）对 Proteus 系统和 Keil C51 系统进行联机设置；

（4）在 Keil C51 系统中调试、运行程序，在 Proteus 系统中检查输出结果。

六、预习要求

（1）了解 74LS164 的引脚功能及用法。

（2）掌握串行接口的工作方式、波特率的设置。

实验十六　数字电压表的设计

一、实验目的

（1）熟悉单片机与 A/D 转换芯片的接口方法；

（2）了解 A/D 转换芯片的转换性能及编程方法；

（3）通过实验了解单片机如何进行数据采集。

二、实验要求

（1）使用模数转换芯片 ADC0808 将电压变化以数字信号的形式输入到 AT89S51 的 P1 口；

（2）单片机根据输入信号的变化将其对应的数值在 LED 数码管上显示出来。

三、电路原理及仿真图（见图 3.16.1）

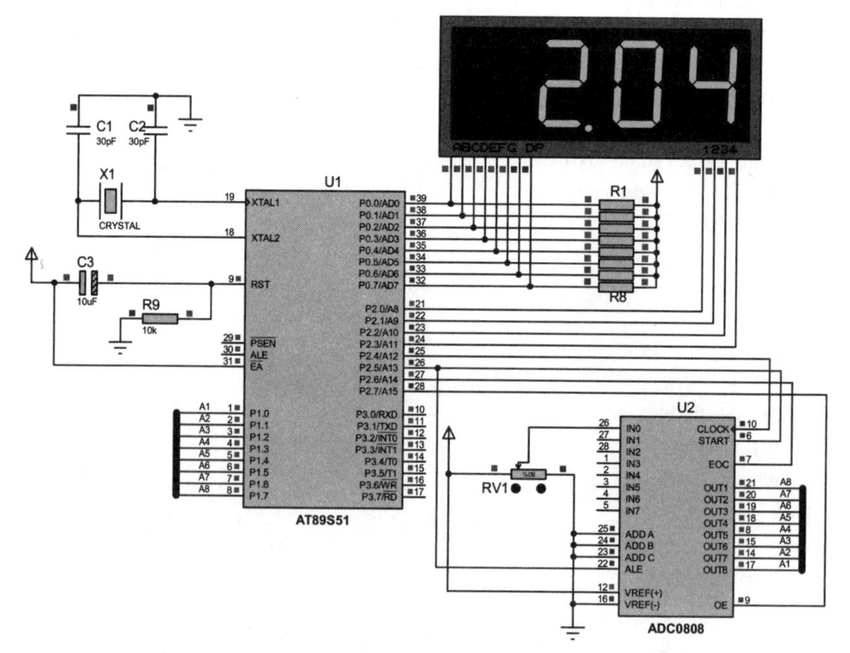

图 3.16.1　电路原理及仿真图

四、参考程序

1. 汇编语言程序

```
        LED_0   EQU   30H
        LED_1   EQU   31H
        LED_2   EQU   32H
        ADC     EQU   35H
        CLOCK   BIT   P2.4
        ST      BIT   P2.5
        EOC     BIT   P2.6
        OE      BIT   P2.7
        ORG     00H
        SJMP    START
        ORG     0BH
        LJMP    INT_T0
START:  MOV     LED_0,#00H
        MOV     LED_1,#00H
        MOV     LED_2,#00H
        MOV     DPTR,#TABLE
        MOV     TMOD,#02H
        MOV     TH0,#245
        MOV     TL0,#00H
        MOV     IE ,#82H
        SETB    TR0
WAIT:   CLR     ST
        SETB    ST
        CLR     ST
        JNB     EOC,$
        SETB    OE
        MOV     ADC,P1
        CLR     OE
        MOV     A,ADC
        MOV     B,#100
        DIV     AB
        MOV     LED_2,A
        MOV     A,B
        MOV     B,#10
        DIV     AB
        MOV     LED_1,A
        MOV     LED_0,B
        LCALL   DISP
        SJMP    WAIT
INT_T0:CPL      CLOCK
        RETI
DISP:   MOV     A,LED_0
        MOVC    A,@A+DPTR
        CLR     P2.3
```

```
            MOV     P0,A
            LCALL   DELAY
            SETB    P2.3
            MOV     A,LED_1
            MOVC    A,@A+DPTR
            CLR     P2.2
            MOV     P0,A
            LCALL   DELAY
            SETB    P2.2
            MOV     A,LED_2
            MOVC    A,@A+DPTR
            ADD     A,#80H
            CLR     P2.1
            MOV     P0,A
            LCALL   DELAY
            SETB    P2.1
            RET
DELAY:      MOV     R6,#10
D1:         MOV     R7,#250
            DJNZ    R7,$
            DJNZ    R6,D1
            RET
TABLE:      DB      3FH,06H,5BH,4FH,66H
            DB      6DH,7DH,07H,7FH,6FH
            END
```

2. C 语言程序

```
#include <reg51.h>
unsigned char dis[10]={0x3f,0x06,0x5b,0x4f,0x66,0x6d,0x7d,0x7,0x7f,0x6f};
sbit gb=P2^3;
sbit sb=P2^2;
sbit bb=P2^1;
sbit EOC=P2^6;
sbit st=P2^5;
sbit clk=P2^4;
sbit OE=P2^7;
unsigned char g,s,b,pdd;
void tick() interrupt 0
{
        clk= ~ clk;
}
void delay()
{
        unsigned char times;
         for(times=0;times<10;times++);
}
void compute(unsigned char pda)
```

```
{
        g=pda%10;
        pda=pda/10;
        s=pda%10;
        b=pda/10;
   }
void display()
   {
gb=0;
        P0=dis[g];
        delay();
        gb=1;
        sb=0;
        P0=dis[s];
        delay();
        sb=1;bb=0;
        P0=dis[b];
        delay();
        bb=1;
   }
}
main()
{
  EA=1;
            EX0=1;
            while(1)
        {
            st=0;
             st=1;
             st=0;
             while(!EOC);
             OE=1;
             pdd=P1;
             OE=0;
             compute(pdd);
           display();
        }
}
```

五、实验步骤

（1）进入 Keil C51 软件的操作环境，编辑源程序并对源文件进行编译；

（2）进入 Proteus 系统，画出实验电路图；

（3）对 Proteus 系统和 Keil C51 系统进行联机设置；

（4）在 Keil C51 系统中调试、运行程序，在 Proteus 系统中检查输出结果。

六、预习要求

熟悉 ADC0808 的转换原理及其接口电路。

实验十七　LED 点阵显示系统设计

一、实验目的

（1）了解 LED 点阵显示的基本原理；

（2）掌握用 8 × 8 LED 点阵构成 16 × 16 LED 点阵显示系统的硬件连接方法；

（3）掌握 LED 点阵显示的编程方法。

二、实验要求

在 Keil C51 系统中运行、调试程序，在 Proteus 系统中画出实验电路图。编写程序在点阵显示器上轮流显示汉字。

三、电路原理及仿真图（见图 3.17.1）

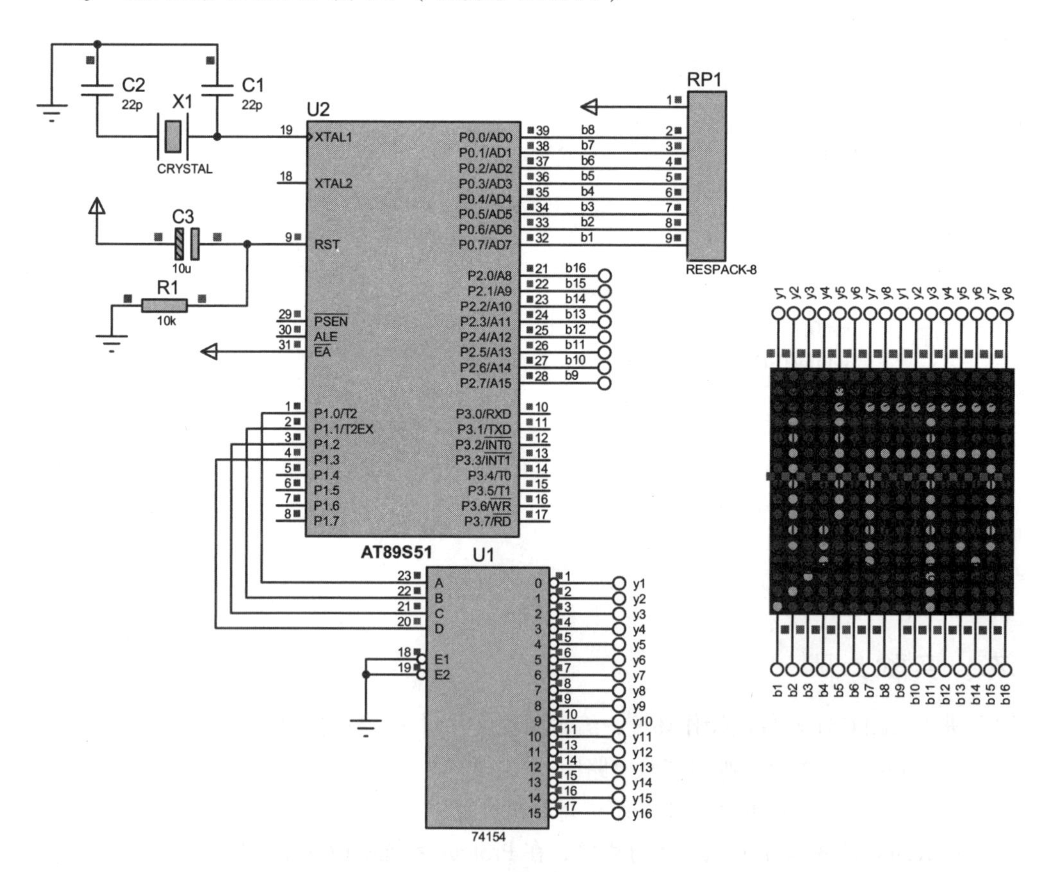

图 3.17.1　电路原理及仿真图

四、参考程序

1. 汇编语言程序

```
        ORG     0000H
START:  MOV     A,#00H
        MOV     P0,A
        MOV     P2,A
        MOV     21H,#00
        MOV     R3,#250
M1:     MOV     R4,#250                ;延时程序
        DJNZ    R4,$
        DJNZ    R3,M1
        MOV     22H,#128
        MOV     20H,#00
LOOP2:  MOV     R5,#80
LOOP:   MOV     R7,#00
        MOV     R6,20H
        MOV     R1,#16
MAIN:   MOV     A,R6
        MOV     DPTR,#TAB
        MOVC    A,@A+DPTR
        MOV     P0,A
        INC     R6
        MOV     A,R6
        MOVC    A,@A+DPTR
        MOV     P2,A
        INC     R6
        MOV     A,R7
        MOV     P1,A
        INC     R7
        LCALL   DELAY
        MOV     A,#00H
        MOV     P0,A
        MOV     P2,A
        DJNZ    R1,MAIN
        DJNZ    R5,LOOP
        MOV     A,20H
        ADD     A,#02
        MOV     20H,A
        DJNZ    22H,LOOP2
        AJMP    START
DELAY:  MOV     R4,#01
D1:     MOV     R3,#80
        DJNZ    R3,$
        DJNZ    R4,D1
        RET
TAB:
```

```
DB 00H,00H,00H,00H,00H,00H,00H,00H,00H,00H,00H,00H,00H,00H,00H,00H,00H,00H,
00H,00H,00H,00H,00H,00H, 00H,00H,00H,00H,00H,00H,00H,00H
DB 0x02,0x00,0x02,0x08,0x7F,0xFC,0x02,0x08,0x02,0x10,0x02,0x20,0xFF,0xFE,0x01,0x80,
0x02,0x00,0x0C,0x30,0x34,0xC0,0xC7,0x00,0x04,0x04,0x04,0x04,0x03,0xFC,0x00,0x00
DB 0x08,0x00,0x0B,0xFE,0x48,0x20,0x48,0x20,0x4B,0xFE,0x4A,0x22,0x4A,0x22,0x4A,
0x22,0x4A,0x22,0x52,0x22,0x52,0x2A,0x12,0x24,0x20,0x20,0x40,0x20,0x80,0x20,0x00,0x20
DB 0x08,0x00,0x09,0x00,0x11,0xFE,0x12,0x04,0x34,0x40,0x32,0x50,0x52,0x48,0x94,
0x44,0x11,0x44,0x10,0x80,0x00,0x00,0x29,0x04,0x28,0x92,0x68,0x12,0x07,0xF0,0x00,0x00
DB 0x02,0x00,0x01,0x00,0x7F,0xFC,0x00,0x00,0x10,0x10,0x08,0x20,0x04,0x40,0xFF,
0xFE,0x01,0x00,0x01,0x00,0x7F,0xF8,0x01,0x00,0x01,0x00,0x01,0x00,0x01,0x00,0x01,0x00
DB 0x04,0x20,0x04,0x20,0x7F,0xFE,0x04,0x20,0x05,0x20,0x01,0x00,0xFF,0xFE,0x01,
0x00,0x01,0x00,0x1F,0xF0,0x10,0x10,0x10,0x10,0x10,0x10,0x1F,0xF0,0x10,0x10,0x00,0x00
DB 0x00,0x00,0x7F,0xFC,0x00,0x18,0x00,0x60,0x01,0x80,0x01,0x00,0x01,0x00,0x01,
0x00,0x01,0x00,0x01,0x00,0x01,0x00,0x01,0x00,0x01,0x00,0x01,0x00,0x05,0x00,0x02,0x00
DB 00H,00H,00H,00H,00H,00H,00H,00H,00H,00H,00H,00H,00H,00H,00H,00H,00H,
00H,00H,00H,00H,00H,00H,00H, 00H,00H,00H,00H,00H,00H,00H,00H
END
```

2. C 语言参考程序

```
#include <reg51.h>
unsigned char tab[]={0x00,0x00,0x00,0x00,0x00,0x00,0x00,0x00};
data unsigned char t1 _at_ 0x21;
data unsigned char t2 _at_ 0x22;
data unsigned char t3 _at_ 0x20;
void delay()
{
unsigned int times;
for(times=0;times<20000;times++);
}
main()
{
unsigned char r1,r5,r6,r7;
 while(1)
{
     P0=0;
     P2=0;
     t1=0;
     delay();
 t2=128;
     t3=0;
while(t2>0)
{
 for(r5=80;r5>0;r5--)
     {
r7=0;
```

```
        r1=16;
        r6=0x20;
        while(r1>0)
    {
        P0=tab[r6];
        r6++;
        P2=tab[r6];
        r6++;
    P1=r7;
        delay();
        P0=0;
        P2=0;
        r1--;
          }
        }
        t3=t3+2;
    t2--;
            }
    }
    }
```

五、实验步骤

（1）进入 Keil C51 软件的操作环境，编辑源程序并对源文件进行编译；

（2）进入 Proteus 系统，画出实验电路图；

（3）对 Proteus 系统和 Keil C51 系统进行联机设置；

（4）在 Keil C51 系统中调试、运行程序，在 Proteus 系统中检查输出结果。

六、预习要求

（1）了解 LED 点阵显示的基本原理；

（2）熟悉字模软件的应用。

实验十八　智能电子钟设计

一、实验目的

掌握单片机 LED 数码显示器的接口方法和编程方法。

二、设计要求

设计能对时、分、秒进行灵活设置的电子钟系统。

三、电路原理及仿真图（见图 3.18.1）

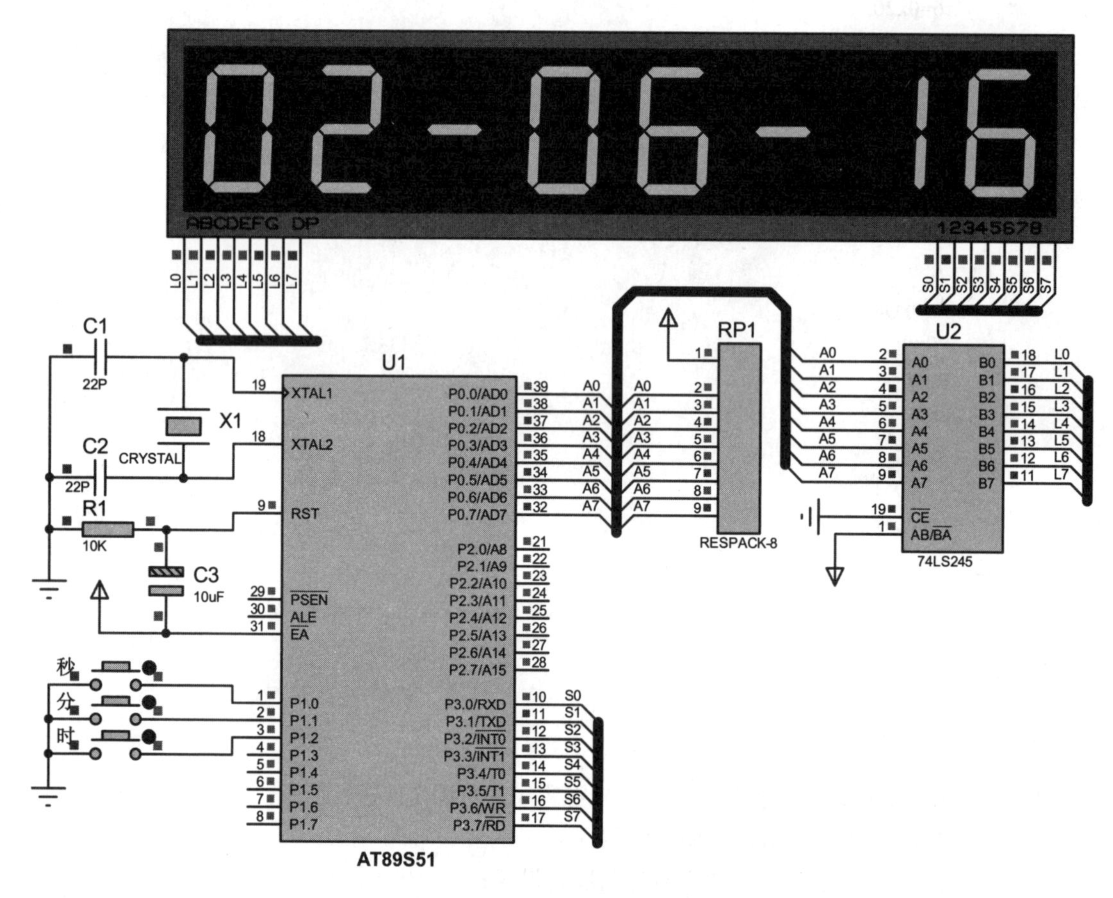

图 3.18.1 电路原理及仿真图

四、参考程序

```
        ORG     0000H
        MOV     30H,#1
        MOV     31H,#2
        MOV     32H,#0
        MOV     33H,#0
        MOV     34H,#0
        MOV     35H,#0
        MOV     TMOD,#01
XS0:    SETB    TR0
        MOV     TH0,#00H
        MOV     TL0,#00H
XS:     MOV     40H,#0FEH
        MOV     DPTR,#TAB
        MOV     P2,40H
        MOV     A,30H
        MOVC    A,@A+DPTR
```

```
MOV     P0,A
LCALL   YS1MS
MOV     P0,#0FFH
MOV     A,40H
RL      A
MOV     40H,A
MOV     P2,40H
MOV     A,31H
ADD     A,#10
MOVC    A,@A+DPTR
MOV     P0,A
LCALL   YS1MS
MOV     P0,#0FFH
MOV     A,40H
RL      A
MOV     40H,A
MOV     P2,40H
MOV     A,32H
MOVC    A,@A+DPTR
MOV     P0,A
LCALL   YS1MS
MOV     P0,#0FFH
MOV     A,40H
RL      A
MOV     40H,A
MOV     P2,40H
MOV     A,33H
ADD     A,#10
MOVC    A,@A+DPTR
MOV     P0,A
LCALL   YS1MS
MOV     P0,#0FFH
MOV     A,40H
RL      A
MOV     40H,A
MOV     P2,40H
MOV     A,34H
MOVC    A,@A+DPTR
MOV     P0,A
LCALL   YS1MS
MOV     P0,#0FFH
MOV     A,40H
RL      A
MOV     40H,A
MOV     P2,40H
MOV     A,35H
MOVC    A,@A+DPTR
```

```
        MOV     P0,A
        LCALL   YS1MS
        MOV     P0,#0FFH
        MOV     A,40H
        RL      A
        MOV     40H,A
        JB      TF0,JIA
        JNB     P1.0,P100
        JNB     P1.1,P1000
        JNB     P1.2,P10000
        AJMP    XS
P100:   MOV     30H,#0
        MOV     31H,#0
        MOV     32H,#0
        MOV     33H,#0
        MOV     34H,#0
        MOV     35H,#0
JIA:    CLR     TF0
        MOV     A,35H
        CJNE    A,#9,JIA1
        MOV     35H,0
        MOV     A,34H
        CJNE    A,#5,JIA10
        MOV     34H,#0
P10000: JNB     P1.2,P10000
        MOV     A,33H
        CJNE    A,#9,JIA100
        MOV     33H,#0
        MOV     A,32H
        CJNE    A,#5,JIA1000
        MOV     32H,#0
P1000:  JNB     P1.1,P1000
        MOV     A,31H
        CJNE    A,#9,JIA10000
        MOV     31H,#0

        MOV     A,30H
        CJNE    A,#2,JIA100000
        MOV     30H,#0
        AJMP    XS0
JIA100000:
        INC     30H
        AJMP    XS0
JIA10000:
        CJNE    A,#3,JIAJIA
        MOV     A,30H
        CJNE    A,#02,JIAJIA
```

```
          MOV     30H,#0
          MOV     31H,#0
          AJMP    XS0
JIAJIA:   INC     31H
          AJMP    XS0
JIA1000:  INC     32H
          AJMP    XS0
JIA100:   INC     33H
          AJMP    XS0
JIA10:    INC     34H
          AJMP    XS0
JIA1:     INC     35H
          AJMP    XS0
          RET
YS1MS:    MOV     R6,#9H
YL1:      MOV     R7,#19H
          DJNZ    R7,$
          DJNZ    R6,YL1
          RET
          TAB:
          DB      0C0H,0F9H,0A4H,0B0H,099H,092H,082H,0F8H,080H,090H
          DB      040H,079H,024H,030H,019H,012H,002H,078H,000H,010H
          END
```

五、实验步骤

（1）进入 Keil C51 软件的操作环境，编辑源程序并对源文件进行编译；
（2）进入 Proteus 系统，画出实验电路图；
（3）对 Proteus 系统和 Keil C51 系统进行联机设置；
（4）在 Keil C51 系统中调试、运行程序，在 Proteus 系统中检查输出结果。

六、预习要求

熟悉单片机 LED 数码显示器的接口方法和编程方法。

实验十九　模拟交通灯电路设计

一、实验目的

（1）了解单片机 P0 口的功能及使用方法；
（2）掌握在 Keil C51 环境中设计、调试 P0 口应用程序的方法；
（3）学习运用程序控制 P0 口，实现模拟交通灯控制。

二、实验要求

用红、绿、黄色发光二极管（4 组，共 12 个）和单片机 P0 口模拟交通灯工作过程。

三、电路原理及仿真图（见图 3.19.1）

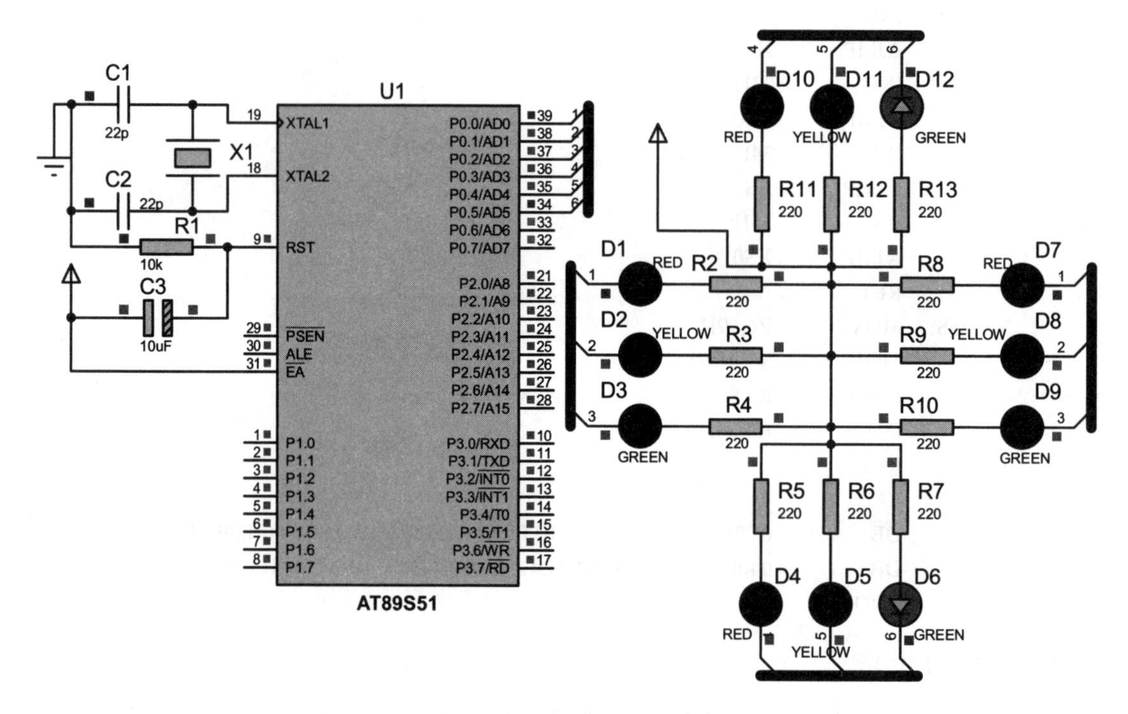

图 3.19.1　电路原理及仿真图

四、参考程序

```
#include<reg51.h>
#define uchar unsigned char
#define uint unsigned int
sbit RED_A=P0^0;                                    //东西向灯
sbit YELLOW_A=P0^1;
sbit GREEN_A=P0^2;
sbit RED_B=P0^3;                                    //南北向灯
sbit YELLOW_B=P0^4;
sbit GREEN_B=P0^5;
uchar Flash_Count=0,Operation_Type=1;               //闪烁次数，操作类型变量
//延时
void DelayMS(uint x)
{
  uchar i;
  while(x--) for(i=0;i<120;i++);
 }
//交通灯切换
void Traffic_Light()
{
```

```
switch(Operation_Type)
 {
  case 1:                                          //东西向绿灯与南北向红灯亮
            RED_A=1;
            YELLOW_A=1;
            GREEN_A=0;
            RED_B=0;
            YELLOW_B=1;
            GREEN_B=1;
            DelayMS(2000);
            Operation_Type=2;
            break;
  case 2:                                          //东西向黄灯闪烁，绿灯关闭
           DelayMS(300);
           YELLOW_A=~YELLOW_A;
           GREEN_A=1;
           if(++Flash_Count!=10)return;            //闪烁 5 次
           Flash_Count=0;
           Operation_Type=3;
           break;
  case 3:                                          //东西向红灯亮，南北向绿灯亮
            RED_A=0;
            YELLOW_A=1;
            GREEN_A=1;
            RED_B=1;
            YELLOW_B=1;
            GREEN_B=0;
            DelayMS(2000);
            Operation_Type=4;
            break;
  case 4:                                          //南北向黄灯闪烁 5 次
           DelayMS(300);
           YELLOW_B=~YELLOW_B;
           GREEN_B=1;
           if(++Flash_Count!=10) return;
           Flash_Count=0;
           Operation_Type=1;
 }
}
//主程序
void main()
{
  while(1) Traffic_Light();
}
```

五、实验步骤

（1）进入 Keil C51 软件的操作环境，编辑源程序并对源文件进行编译；

（2）进入 Proteus 系统，画出实验电路图；

（3）对 Proteus 系统和 Keil C51 系统进行联机设置；
（4）在 Keil C51 系统中调试、运行程序，在 Proteus 系统中检查输出结果。

六、预习要求

（1）了解单片机 P0 口的功能及使用方法；
（2）复习单片机的 C 语言编程。

实验二十　数显频率计数器的设计

一、实验目的

（1）掌握定时/计数器的计数原理；
（2）掌握动态显示程序的编程方法；
（3）掌握各种结构程序的综合编程方法。

二、实验要求

利用 AT89S51 单片机的 T0、T1 的定时/计数器功能，完成对输入信号的频率进行计数，结果通过 8 位动态数码管显示出来。要求能够对 0 ~ 250 kHz 的信号频率进行准确计数，计数误差不超过±1 Hz。

三、电路原理及仿真图（见图 3.20.1）

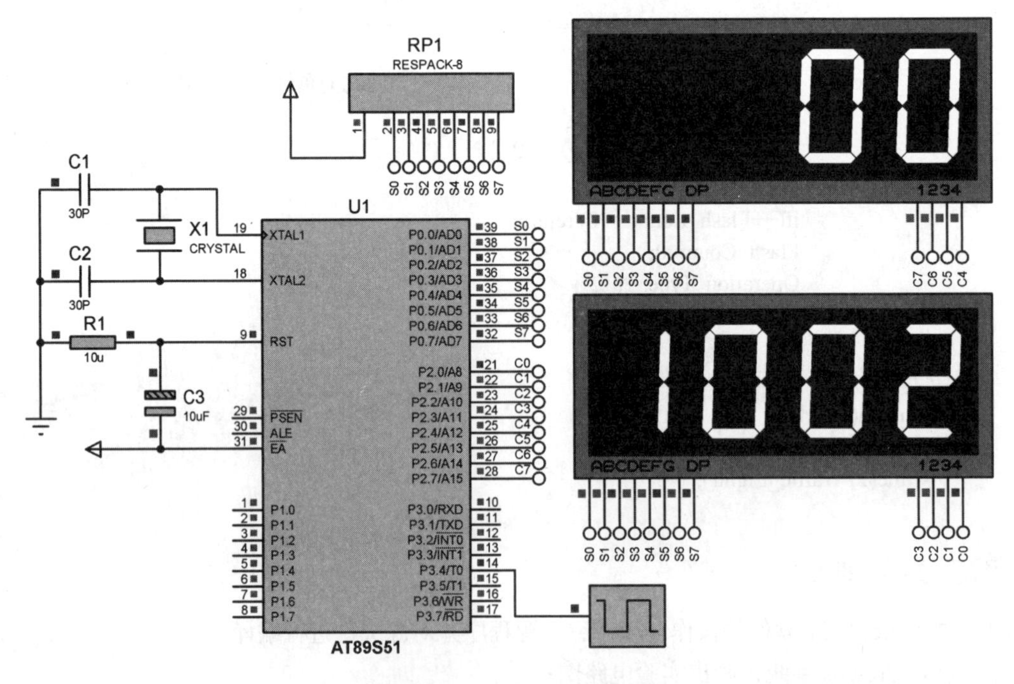

图 3.20.1　电路原理及仿真图

四、参考程序

```
#include <AT89X52.H>
unsigned char code dispbit[]={0xfe,0xfd,0xfb,0xf7,0xef,0xdf,0xbf,0x7f};
unsigned char code dispcode[]={0x3f,0x06,0x5b,0x4f,0x66,
                               0x6d,0x7d,0x07,0x7f,0x6f,0x00,0x40};
unsigned char dispbuf[8]={0,0,0,0,0,0,10,10};
unsigned char temp[8];
unsigned char dispcount;
unsigned char T0count;
unsigned char timecount;
bit flag;
unsigned long x;

void main(void)
{
  unsigned char i;

  TMOD=0x15;      //0001 0101B,T1 工作在定时方式 1，T0 工作在计数方式 1
  TH0=0;
  TL0=0;
  TH1=(65536-5000)/256;
  TL1=(65536-5000)%256;
  TR1=1;
  TR0=1;
  ET0=1;
  ET1=1;
  EA=1;

  while(1)
   {
     if(flag==1)
       {
         flag=0;
         x=T0count*65536+TH0*256+TL0;
         for(i=0;i<8;i++)
           {
             temp[i]=0;
           }
         i=0;
         while(x/10)
           {
             temp[i]=x%10;
             x=x/10;
             i++;
           }
         temp[i]=x;
         for(i=0;i<6;i++)
           {
```

```
                dispbuf[i]=temp[i];
              }
            timecount=0;
            T0count=0;
            TH0=0;
            TL0=0;
            TR0=1;
          }
      }
  }

  void t0(void) interrupt 1 using 0
  {
    T0count++;
  }

  void t1(void) interrupt 3 using 0
  {
    TH1=(65536-5000)/256;
    TL1=(65536-5000)%256;
    timecount++;
    if(timecount==200)
      {
        TR0=0;
        timecount=0;
        flag=1;
  }
  P2=0xff;
    P0=dispcode[dispbuf[dispcount]];
    P2=dispbit[dispcount];
    dispcount++;
    if(dispcount==8)
      {
        dispcount=0;
      }
  }
```

五、实验步骤

（1）进入 Keil C51 软件的操作环境，编辑源程序并对源文件进行编译；
（2）进入 Proteus 系统，画出实验电路图；
（3）对 Proteus 系统和 Keil C51 系统进行联机设置；
（4）在 Keil C51 系统中调试、运行程序，在 Proteus 系统中检查输出结果。

六、预习要求

（1）熟悉定时/计数器的计数原理；
（2）熟悉各种结构程序的综合编程方法。

实验二十一　信号发生器的设计

一、实验目的

（1）掌握 DAC0832 与 PC 机的接口方法；

（2）掌握产生正弦波、方波、三角波和锯齿波的程序设计方法。

二、实验要求

（1）设计一个由单片机控制的信号发生器，利用 DAC0832 输出正弦波、方波、三角波；

（2）在按键开关的控制下输出不同的波形，且在按键开关的控制下可进行频率调节。

三、电路原理及仿真图（见图 3.21.1）

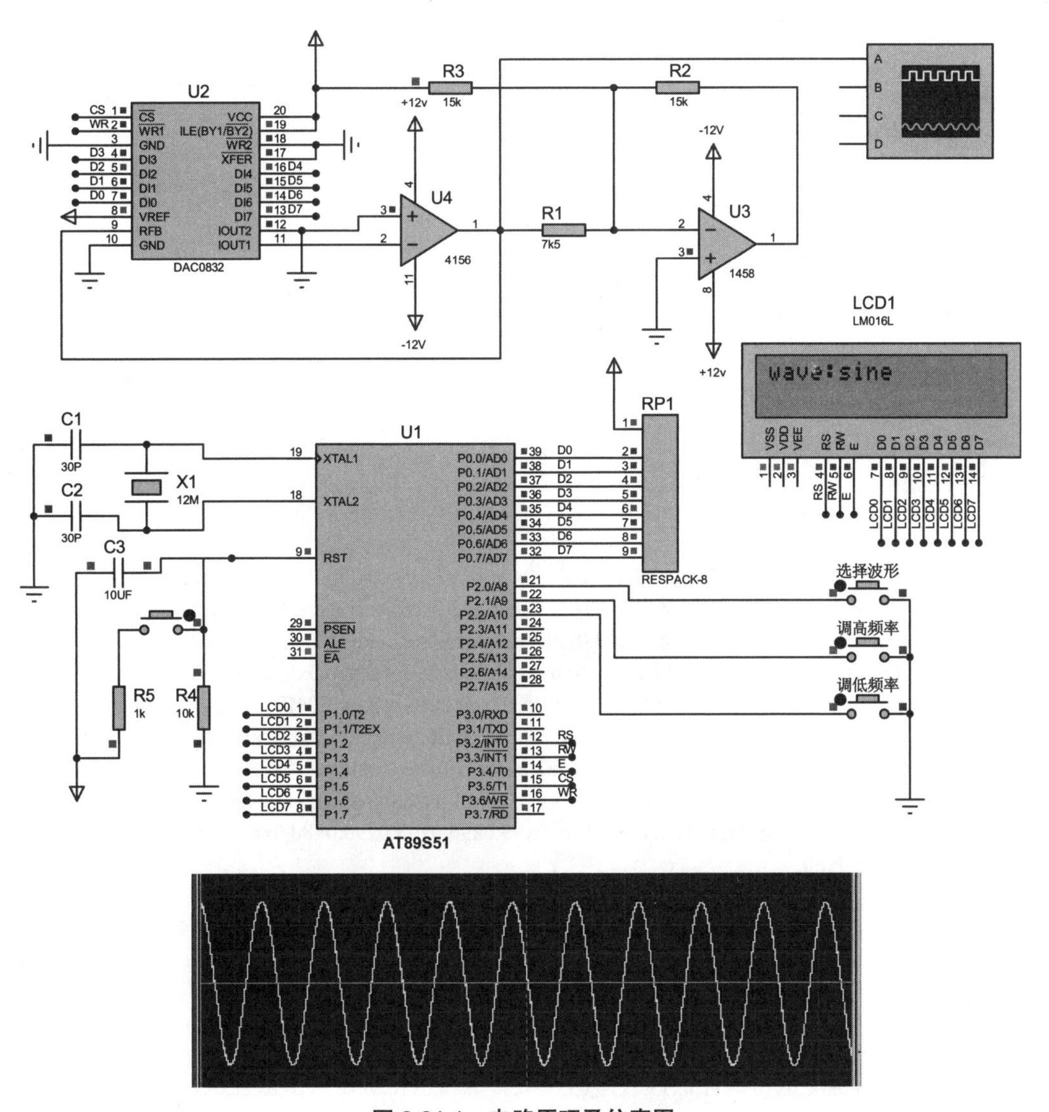

图 3.21.1　电路原理及仿真图

四、参考程序

```
#include<reg52.h>
#define uchar unsigned char
#define uint unsigned int
sbit s1=P2^0;
sbit s2=P2^1;
sbit s3=P2^2;
sbit cs=P3^5;
sbit wr=P3^6;
sbit d=P2^7;
sbit lcdrs=P3^2;
sbit lcdrw=P3^3;
sbit lcde=P3^4;
uchar slnum,a,ys,j;
uint fre;
uchar cyx[]="WLYDZKXXY";
uchar sine[]="sine           ";
uchar squrae[]="squrae         ";
uchar train[]="train           ";
void delay(uint z)
{
    uint i,j;
    for(i=z;i>0;i--)
        for(j=110;j>0;j--);
}
void delay1(uint y)
{
   uint i;
   for(i=y;i>0;i--);
}
uchar code tosin[256]=
{
     0x80,0x82,0x85,0x88,0x8b,0x8e,0x91,0x94,0x97,0x9a,0x9d,0xa0,0xa3,0xa6,
     0xa9,0xac,0xaf,0xb2,0xb6,0xb9,0xbc,0xbf,0xc2,0xc5,0xc7,0xca,0xcc,0xcf,
     0xd1,0xd4,0xd6,0xd8,0xda,0xdd,0xdf,0xe1,0xe3,0xe5,0xe7,0xe9,0xea,0xec,
     0xee,0xef,0xf1,0xf2,0xf4,0xf5,0xf6,0xf7,0xf8,0xf9,0xfa,0xfb,0xfc,0xfd,
     0xfd,0xfe,0xff,0xff,0xff,0xff,0xff,0xff,0xff,0xff,0xff,0xff,0xff,0xff,
     0xfe,0xfd,0xfd,0xfc,0xfb,0xfa,0xf9,0xf8,0xf7,0xf6,0xf5,0xf4,0xf2,0xf1,
     0xef,0xee,0xec,0xea,0xe9,0xe7,0xe5,0xe3,0xe1,0xde,0xdd,0xda,0xd8,0xd6,
     0xd4,0xd1,0xcf,0xcc,0xca,0xc7,0xc5,0xc2,0xbf,0xbc,0xba,0xb7,0xb4,0xb1,
     0xae,0xab,0xa8,0xa5,0xa2,0x9f,0x9c,0x99,0x96,0x93,0x90,0x8d,0x89,0x86,
     0x83,0x80,
     0x80,0x7c,0x79,0x76,0x72,0x6f,0x6c,0x69,0x66,0x63,0x60,0x5d,
     0x5a,0x57,0x55,0x51,0x4e,0x4c,0x48,0x45,0x43,0x40,0x3d,0x3a,0x38,0x35,
     0x33,0x30,0x2e,0x2b,0x29,0x27,0x25,0x22,0x20,0x1e,0x1c,0x1a,0x18,0x16,
     0x15,0x13,0x11,0x10,0x0e,0x0d,0x0b,0x0a,0x09,0x08,0x07,0x06,0x05,0x04,
     0x03,0x02,0x02,0x01,0x00,0x00,0x00,0x00,0x00,0x00,0x00,0x00,0x00,0x00,
     0x00,0x00,0x01,0x02,0x02,0x03,0x04,0x05,0x06,0x07,0x08,0x09,0x0a,0x0b,
     0x0d,0x0e,0x10,0x11,0x13,0x15,0x16,0x18,0x1a,0x1c,0x1e,0x20,0x22,0x25,
     0x27,0x29,0x2b,0x2e,0x30,0x33,0x35,0x38,0x3a,0x3d,0x40,0x43,0x45,0x48,
```

```
    0x4c,0x4e,0x51,0x55,0x57,0x5a,0x5d,0x60,0x63,0x66,0x69,0x6c,0x6f,0x72,
    0x76,0x79,0x7c,0x80
};
void write_com(uchar com)
{
    lcdrs=0;
    P1=com;
    delay(5);
    lcde=1;
    delay(5);
    lcde=0;
}
void write_data(uchar date)
{
    lcdrs=1;
    P1=date;
    delay(5);
    lcde=1;
    delay(5);
    lcde=0;
}
void init()
{
   uint i;
   lcdrw=0;
   lcde=0;
   wr=0;
   cs=0;
   write_com(0x38);
   write_com(0x0c);
   write_com(0x06);
   write_com(0x01);
   write_com(0x80+0x00);
   write_data(0x77);                    //写 wave
   write_data(0x61);
   write_data(0x76);
   write_data(0x65);
   write_data(0x3a);
   for(i=0;i<9;i++)
       write_data(cyx[i]);

}
void write_f(uint date)                 //写频率
{
    uchar qian,bai,shi,ge;
    qian=date/1000;
    bai=date/100%10;
    shi=date/10%10;
    ge=date%10;
    write_com(0x80+0x42);
    write_data(0x30+qian);
```

```
    write_data(0x30+bai);
    write_data(0x30+shi);
    write_data(0x30+ge);
    write_data(0x48);
    write_data(0x5a);
}
void xsf()                                          //显示频率
{
   if(slnum==1)
   {
       fre=(1000/(9+3*ys));
        write_f(fre);
   }
   if(slnum==2)
   {
       fre=(100000/(3*ys));
        write_f(fre);
   }
    if(slnum==3)
   {
       fre=(1000/(15+3*ys));
        write_f(fre);
   }

}
void keyscanf()
{
    int i,s,m;
    d=0;
    if(s1==0)
    {
        delay(5);
         if(s1==0)
         {
             while(!s1);
              slnum++;
              if(slnum==1)
              {
                  ys=0;
                   write_com(0x80+0x05);
                   for(i=0;i<9;i++)
                 write_data(sine[i]);                    //写 sine:

              }
              if(slnum==2)
              {
                  ys=10;
                   write_com(0x80+0x05);
                  for(s=0;s<9;s++)
               write_data(squrae[s]);//写 squrae
```

```
			}
			if(slnum==3)
			{
			    ys=0;
			     write_com(0x80+0x05);              //写 train
			    for(m=0;m<9;m++)
			     write_data(train[m]);
			}
			if(slnum==4)
			{
			    slnum=0;
			     P1=0;
			     write_com(0x80+0x05);
			     write_data(0x20);
			     write_data(0x20);
			     write_data(0x20);
			     write_data(0x20);
			     write_data(0x20);
			     write_data(0x20);
			     write_com(0x80+0x42);
			     write_data(0x20);
			     write_data(0x20);
			     write_data(0x20);
			     write_data(0x20);
			     write_data(0x20);
			     write_data(0x20);

			}
		}
	}
	if(s2==0)
	{
	    delay(5);
	     if(s2==0)
	     {
	        while(!s2);
	         ys++;
	     }
	}
	if(s3==0)
	{
	    delay(5);
	     if(s3==0)
	     {
	        while(!s3);
	         ys--;
	     }
	}
}
void main()
```

```
{
    init();
    while(1)
    {
        keyscanf();
         if(slnum==1)                              //正弦波
         {
             for(j=0;j<255;j++)
              {
                  P0=tosin[j];
                   delay(ys);
              }
         }
         if(slnum==2)                             //方波
         {
             P0=0xff;
              delay1(ys);
              P0=0;
              delay1(ys);
         }
         if(slnum==3)                             //三角波
         {
             if(a<128)
              {
                  P0=a;
                   delay1(ys);

              }
              else
              {
                  P0=255-a;
                   delay1(ys);
              }
              a++;
         }
         if(!(s1&s2&s3))
         {
             xsf();
         }
    }
}
```

五、实验步骤

（1）进入 Keil C51 软件的操作环境，编辑源程序并对源文件进行编译；

（2）进入 Proteus 系统，画出实验电路图；

（3）对 Proteus 系统和 Keil C51 系统进行联机设置；

（4）在 Keil C51 系统中调试、运行程序，在 Proteus 系统中检查输出结果。

六、预习要求

（1）了解 DAC0832 的电路结构和引脚排列；

（2）熟悉产生正弦波、方波、三角波和锯齿波的程序设计方法。

实验二十二　图形点阵液晶显示器（LCD 12864）

一、实验目的

（1）了解液晶显示器的工作原理；

（2）学习 8051 单片机与液晶显示器的接口方法；

（3）学习点阵式液晶显示器的编程方法。

二、实验要求

（1）掌握在 Keil C51 环境中设计、调试 LCD12864 应用程序的方法；

（2）编程控制 LCD12864 实现多行汉字显示。

三、电路原理及仿真图（见图 3.22.1）

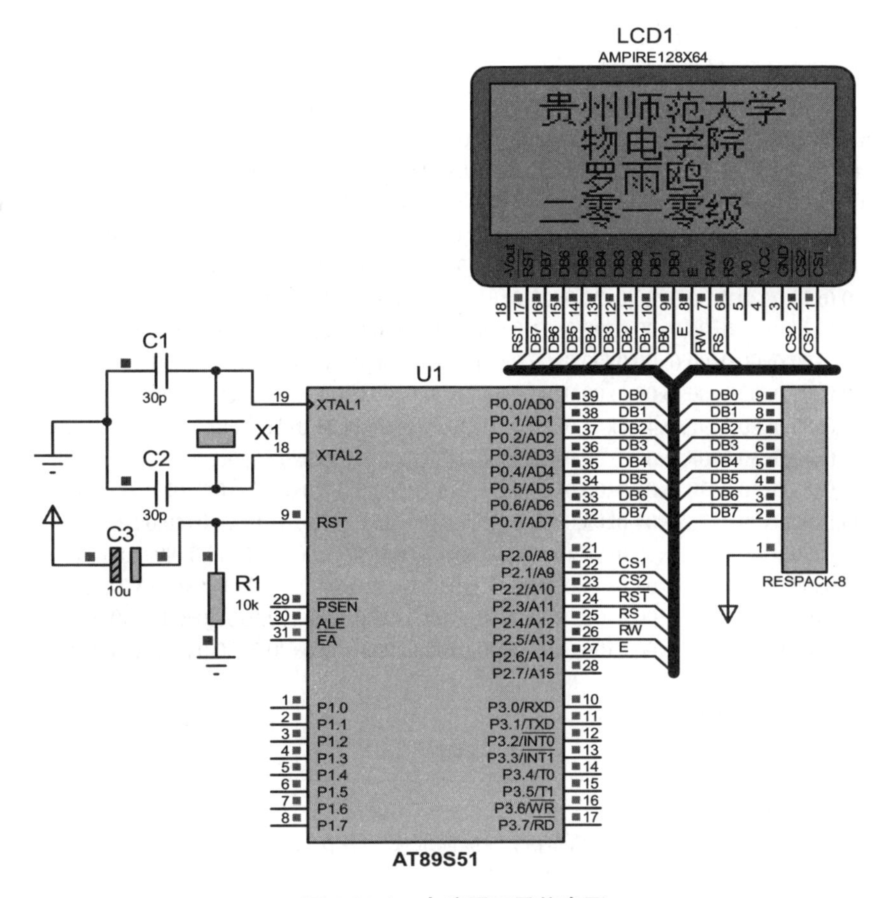

图 3.22.1　电路原理及仿真图

四、参考程序

```
#include <reg51.h>
#define LCDLCDDisp_Off     0x3e
#define LCDLCDDisp_On       0x3f
#define Page_Add        0xb8                    //页地址
#define LCDCol_Add         0x40                 //列地址
#define Start_Line        0xC0                  //行地址
/*****液晶显示器的端口定义*****/
#define data_ora P0;                            /*液晶数据总线*/
sbit LCDMcs=P2^1 ;                              /*片选 1*/
sbit LCDScs=P2^2 ;                              /*片选 2*/
sbit RESET=P2^3 ;                               /*复位信号*/
sbit LCDDi=P2^4 ;                               /*数据/指令  选择*/
sbit LCDRW=P2^5 ;                               /*读/写  选择*/
sbit LCDEnable=P2^6 ;                           /*读/写  使能*/

unsigned char code Bmp1[]=
{
/*--------------------------------------------------------------------------
  宽×高（像素）: 128×16
  字模格式/大小 ：单色点阵液晶字模，纵向取模，字节倒序/256 字节
  显示的汉字：贵州师范大学
--------------------------------------------------------------------------*/
0x00,0x00,0x00,0x00,0x00,0x00,0x00,0x00,0x00,0x00,0x00,0x00,0x00,0x00,0x00,0x00,
0x40,0x40,0x40,0x5E,0x52,0x52,0x52,0x7F,0x52,0x52,0x52,0x5E,0x40,0x40,0x40,0x00,
0x00,0xE0,0x00,0xFF,0x00,0x20,0xC0,0x00,0xFE,0x00,0x20,0xC0,0x00,0xFF,0x00,0x00,
0x00,0xFC,0x00,0x00,0xFF,0x00,0x02,0xE2,0x22,0x22,0xFE,0x22,0x22,0xE2,0x02,0x00,
0x04,0x44,0x84,0x14,0x64,0x0F,0x04,0xE4,0x24,0x2F,0x24,0x24,0xE4,0x04,0x04,0x00,
0x20,0x20,0x20,0x20,0x20,0x20,0x20,0xFF,0x20,0x20,0x20,0x20,0x20,0x20,0x20,0x00,
0x40,0x30,0x11,0x96,0x90,0x90,0x91,0x96,0x90,0x90,0x98,0x14,0x13,0x50,0x30,0x00,
0x00,0x00,0x00,0x00,0x00,0x00,0x00,0x00,0x00,0x00,0x00,0x00,0x00,0x00,0x00,0x00,
0x00,0x00,0x00,0x00,0x00,0x00,0x00,0x00,0x00,0x00,0x00,0x00,0x00,0x00,0x00,0x00,
0x00,0x80,0x80,0x9F,0x41,0x41,0x21,0x1D,0x01,0x21,0x21,0x5F,0x40,0x80,0x00,0x00,
0x81,0x40,0x30,0x0F,0x00,0x00,0x00,0x00,0x3F,0x00,0x00,0x00,0x00,0xFF,0x00,0x00,
0x00,0x87,0x40,0x30,0x0F,0x00,0x00,0x1F,0x00,0x00,0xFF,0x08,0x10,0x0F,0x00,0x00,
0x00,0x08,0x09,0x78,0x04,0x03,0x00,0x3F,0x40,0x40,0x42,0x44,0x43,0x40,0x78,0x00,
0x80,0x80,0x40,0x20,0x10,0x0C,0x03,0x00,0x03,0x0C,0x10,0x20,0x40,0x80,0x80,0x00,
0x04,0x04,0x04,0x04,0x04,0x44,0x84,0x7E,0x06,0x05,0x04,0x04,0x04,0x04,0x04,0x00,
0x00,0x00,0x00,0x00,0x00,0x00,0x00,0x00,0x00,0x00,0x00,0x00,0x00,0x00,0x00,0x00,
0x00,0x00,0x00,0x00,0x00,0x00,0x00,0x00,0x00,0x00,0x00,0x00,0x00,0x00,0x00,0x00,
};
unsigned char code Bmp2[]=
{
/*--------------------------------------------------------------------------
  宽×高（像素）: 128×16
  字模格式/大小 ：单色点阵液晶字模，纵向取模，字节倒序/256 字节
  显示的汉字：物电学院
--------------------------------------------------------------------------*/
```

```
0x00,0x00,0x00,0x00,0x00,0x00,0x00,0x00,0x00,0x00,0x00,0x00,0x00,0x00,0x00,0x00,
0x00,0x00,0x00,0x00,0x00,0x00,0x00,0x00,0x00,0x00,0x00,0x00,0x00,0x00,0x00,0x00,
0x40,0x3C,0x10,0xFF,0x10,0x10,0x20,0x10,0x8F,0x78,0x08,0xF8,0x08,0xF8,0x00,0x00,
0x00,0x00,0xF8,0x88,0x88,0x88,0x88,0xFF,0x88,0x88,0x88,0x88,0xF8,0x00,0x00,0x00,
0x40,0x30,0x11,0x96,0x90,0x90,0x91,0x96,0x90,0x90,0x98,0x14,0x13,0x50,0x30,0x00,
0x00,0xFE,0x22,0x5A,0x86,0x10,0x0C,0x24,0x24,0x25,0x26,0x24,0x24,0x14,0x0C,0x00,
0x00,0x00,0x00,0x00,0x00,0x00,0x00,0x00,0x00,0x00,0x00,0x00,0x00,0x00,0x00,0x00,
0x00,0x00,0x00,0x00,0x00,0x00,0x00,0x00,0x00,0x00,0x00,0x00,0x00,0x00,0x00,0x00,
0x00,0x00,0x00,0x00,0x00,0x00,0x00,0x00,0x00,0x00,0x00,0x00,0x00,0x00,0x00,0x00,
0x00,0x00,0x00,0x00,0x00,0x00,0x00,0x00,0x00,0x00,0x00,0x00,0x00,0x00,0x00,0x00,
0x02,0x06,0x02,0xFF,0x01,0x01,0x04,0x42,0x21,0x18,0x46,0x81,0x40,0x3F,0x00,0x00,
0x00,0x00,0x1F,0x08,0x08,0x08,0x08,0x7F,0x88,0x88,0x88,0x88,0x9F,0x80,0xF0,0x00,
0x04,0x04,0x04,0x04,0x04,0x44,0x84,0x7E,0x06,0x05,0x04,0x04,0x04,0x04,0x04,0x00,
0x00,0xFF,0x04,0x08,0x07,0x80,0x41,0x31,0x0F,0x01,0x01,0x3F,0x41,0x41,0x71,0x00,
0x00,0x00,0x00,0x00,0x00,0x00,0x00,0x00,0x00,0x00,0x00,0x00,0x00,0x00,0x00,0x00,
0x00,0x00,0x00,0x00,0x00,0x00,0x00,0x00,0x00,0x00,0x00,0x00,0x00,0x00,0x00,0x00,
0x00,0x00,0x00,0x00,0x00,0x00,0x00,0x00,0x00,0x00,0x00,0x00,0x00,0x00,0x00,0x00,
0x00,0x00,0x00,0x00,0x00,0x00,0x00,0x00,0x00,0x00,0x00,0x00,0x00,0x00,0x00,0x00,
};
unsigned char code Bmp3[]=
{
/*-----------------------------------------------------------------------------
    宽×高（像素）: 128×16
   字模格式/大小 ：单色点阵液晶字模，纵向取模，字节倒序/256字节
   显示的汉字：罗雨鸥
-----------------------------------------------------------------------------*/
0x00,0x00,0x00,0x00,0x00,0x00,0x00,0x00,0x00,0x00,0x00,0x00,0x00,0x00,0x00,0x00,
0x00,0x00,0x00,0x00,0x00,0x00,0x00,0x00,0x00,0x00,0x00,0x00,0x00,0x00,0x00,0x00,
0x00,0x00,0x3E,0x22,0x22,0xBE,0x62,0x22,0x22,0x3E,0x22,0x22,0x3E,0x00,0x00,0x00,
0x02,0xE2,0x22,0x22,0x22,0x22,0x22,0xFE,0x22,0x22,0x22,0x22,0x22,0xE2,0x02,0x00,
0x00,0xFE,0x12,0x22,0xC2,0x3A,0x02,0x00,0xFC,0x06,0x15,0x44,0x84,0x7C,0x00,0x00,
0x00,0x00,0x00,0x00,0x00,0x00,0x00,0x00,0x00,0x00,0x00,0x00,0x00,0x00,0x00,0x00,
0x00,0x00,0x00,0x00,0x00,0x00,0x00,0x00,0x00,0x00,0x00,0x00,0x00,0x00,0x00,0x00,
0x00,0x00,0x00,0x00,0x00,0x00,0x00,0x00,0x00,0x00,0x00,0x00,0x00,0x00,0x00,0x00,
0x00,0x00,0x00,0x00,0x00,0x00,0x00,0x00,0x00,0x00,0x00,0x00,0x00,0x00,0x00,0x00,
0x00,0x00,0x00,0x00,0x00,0x00,0x00,0x00,0x00,0x00,0x00,0x00,0x00,0x00,0x00,0x00,
0x80,0x84,0x84,0x42,0x45,0x49,0x31,0x21,0x11,0x09,0x05,0x03,0x00,0x00,0x00,0x00,
0x00,0xFF,0x00,0x00,0x09,0x12,0x00,0x7F,0x00,0x09,0x12,0x40,0x80,0x7F,0x00,0x00,
0x00,0x3F,0x24,0x23,0x20,0x27,0x20,0x10,0x13,0x12,0x12,0x52,0x92,0x42,0x3E,0x00,
0x00,0x00,0x00,0x00,0x00,0x00,0x00,0x00,0x00,0x00,0x00,0x00,0x00,0x00,0x00,0x00,
0x00,0x00,0x00,0x00,0x00,0x00,0x00,0x00,0x00,0x00,0x00,0x00,0x00,0x00,0x00,0x00,
0x00,0x00,0x00,0x00,0x00,0x00,0x00,0x00,0x00,0x00,0x00,0x00,0x00,0x00,0x00,0x00,
0x00,0x00,0x00,0x00,0x00,0x00,0x00,0x00,0x00,0x00,0x00,0x00,0x00,0x00,0x00,0x00,
0x00,0x00,0x00,0x00,0x00,0x00,0x00,0x00,0x00,0x00,0x00,0x00,0x00,0x00,0x00,0x00,
};
unsigned char code Bmp4[]=
{
/*-----------------------------------------------------------------------------
   宽×高（像素）: 128×16
   字模格式/大小 ：单色点阵液晶字模，纵向取模，字节倒序/256字节
```

```
显示的汉字：二零一零级
---------------------------------------------------------------------------*/
0x00,0x00,0x00,0x00,0x00,0x00,0x00,0x00,0x00,0x00,0x00,0x00,0x00,0x00,0x00,0x00,
0x00,0x00,0x08,0x08,0x08,0x08,0x08,0x08,0x08,0x08,0x08,0x08,0x08,0x00,0x00,0x00,
0x10,0x0C,0x05,0x55,0x55,0x55,0x85,0x7F,0x85,0x55,0x55,0x55,0x05,0x14,0x0C,0x00,
0x80,0x80,0x80,0x80,0x80,0x80,0x80,0x80,0x80,0x80,0x80,0x80,0x80,0x80,0x80,0x00,
0x10,0x0C,0x05,0x55,0x55,0x55,0x85,0x7F,0x85,0x55,0x55,0x55,0x05,0x14,0x0C,0x00,
0x20,0x30,0xAC,0x63,0x30,0x00,0x02,0x02,0xFE,0x02,0x02,0x62,0x5A,0xC6,0x00,0x00,
0x00,0x00,0x00,0x00,0x00,0x00,0x00,0x00,0x00,0x00,0x00,0x00,0x00,0x00,0x00,0x00,
0x00,0x00,0x00,0x00,0x00,0x00,0x00,0x00,0x00,0x00,0x00,0x00,0x00,0x00,0x00,0x00,
0x00,0x00,0x00,0x00,0x00,0x00,0x00,0x00,0x00,0x00,0x00,0x00,0x00,0x00,0x00,0x00,
0x10,0x10,0x10,0x10,0x10,0x10,0x10,0x10,0x10,0x10,0x10,0x10,0x10,0x10,0x10,0x00,
0x04,0x04,0x02,0x0A,0x09,0x29,0x2A,0x4C,0x48,0xA9,0x19,0x02,0x02,0x04,0x04,0x00,
0x00,0x00,0x00,0x00,0x00,0x00,0x00,0x00,0x00,0x00,0x00,0x00,0x00,0x00,0x00,0x00,
0x04,0x04,0x02,0x0A,0x09,0x29,0x2A,0x4C,0x48,0xA9,0x19,0x02,0x02,0x04,0x04,0x00,
0x22,0x67,0x22,0x12,0x12,0x40,0x30,0x8F,0x80,0x43,0x2C,0x10,0x2C,0x43,0x80,0x00,
0x00,0x00,0x00,0x00,0x00,0x00,0x00,0x00,0x00,0x00,0x00,0x00,0x00,0x00,0x00,0x00,
0x00,0x00,0x00,0x00,0x00,0x00,0x00,0x00,0x00,0x00,0x00,0x00,0x00,0x00,0x00,0x00,
0x00,0x00,0x00,0x00,0x00,0x00,0x00,0x00,0x00,0x00,0x00,0x00,0x00,0x00,0x00,0x00
};
/*****************************************************************************
函数功能:LCD 延时程序
入口参数:t，出口参数: i，j
*****************************************************************************/
void LCDdelay(unsigned int t)
{
      unsigned int i,j;
      for(i=0;i<t;i++);
      for(j=0;j<10;j++);
}
/*****************************************************************************
状态检查，LCD 是否忙

*****************************************************************************/
void CheckState()
{
    unsigned char dat,DATA;                  //状态信息（判断是否忙）
    LCDDi=0; // 数据\指令选择，D/I（RS）="L"，表示 DB7～DB0 为显示指令数据
    LCDRW=1;                                 //R/W="H"，E="H"数据被读到 DB7～DB0
    do
    {
        DATA=0x00;
        LCDEnable=1;                         //EN 下降源
        LCDdelay(2);                         //延时
        dat=DATA;
        LCDEnable=0;
        dat=0x80 & dat;                      //仅当第 7 位为 0 时才可操作(判别 busy 信号)
    }
    while(!(dat==0x00));
}
```

```
/**************************************************************************
函数功能:写命令到 LCD 程序，RS(DI)=L,RW=L,EN=H，即来一个脉冲写一次
入口参数:cmdcode
出口参数:
**************************************************************************/
void write_com(unsigned char cmdcode)
{
    CheckState();                              //检测 LCD 是否忙
     LCDDi=0;
     LCDRW=0;
     P0=cmdcode;
     LCDdelay(2);
     LCDEnable=1;
     LCDdelay(2);
     LCDEnable=0;
}
/**************************************************************************
函数功能:LCD 初始化程序
入口参数:
出口参数:
**************************************************************************/
void init_lcd()
{
     LCDdelay(100);
     LCDMcs=1;                                 //刚开始关闭两屏
     LCDScs=1;
     LCDdelay(100);
     write_com(LCDLCDDisp_Off);                 //写初始化命令
     write_com(Page_Add+0);
     write_com(Start_Line+0);
     write_com(LCDCol_Add+0);
     write_com(LCDLCDDisp_On);
}
/**************************************************************************
函数功能:写数据到 LCD 程序，RS(DI)=H,RW=L,EN=H，即来一个脉冲写一次
入口参数:LCDDispdata
出口参数:
**************************************************************************/
void write_data(unsigned char LCDDispdata)
{
    CheckState();                              //检测 LCD 是否忙
     LCDDi=1;
     LCDRW=0;
     P0=LCDDispdata;
     LCDdelay(2);
     LCDEnable=1;
     LCDdelay(2);
     LCDEnable=0;
}
```

```
/*****************************************************************************
函数功能:清除 LCD 内存程序
入口参数:pag,col,hzk
出口参数:
*****************************************************************************/
void Clr_Scr()
{
	unsigned char j,k;
	LCDMcs=0;                          //左、右屏均开显示
	LCDScs=0;
	write_com(Page_Add+0);
	write_com(LCDCol_Add+0);
	for(k=0;k<8;k++)                   //控制页数 0-7，共 8 页
	{
		write_com(Page_Add+k);         //逐页进行写
		for(j=0;j<64;j++)              //每页最多可写 32 个中文文字或 64 个 ASCII 字符
		{
			write_com(LCDCol_Add+j);
			write_data(0x00);          //控制列数 0-63，共 64 列，写点内容，列地址自动加 1
		}
	}
}
/*****************************************************************************
函数功能:左屏位置显示
入口参数:page,column,hzk
出口参数:
*****************************************************************************/
void Bmp_Left_Disp(unsigned char page,unsigned char column, unsigned char code *Bmp)
{
	unsigned char j=0,i=0;
	for(j=0;j<2;j++)
	{
		write_com(Page_Add+page+j);
		write_com(LCDCol_Add+column);
		for(i=0;i<64;i++)
			write_data(Bmp[128*j+i]);
	}
}
/*****************************************************************************
函数功能:右屏位置显示
入口参数:page,column,hzk
出口参数:
*****************************************************************************/
void Bmp_Right_Disp(unsigned char page,unsigned char column, unsigned char code *Bmp)
{
	unsigned char j=0,i=0;
	for(j=0;j<2;j++)
	{
		write_com(Page_Add+page+j);
```

```
            write_com(LCDCol_Add+column);
            for(i=64;i<128;i++)
                write_data(Bmp[128*j+i]);
        }
}
void main()
{
        init_lcd();
        Clr_Scr();
        LCDMcs=0;                              //左屏开显示
        LCDScs=1;
        Bmp_Left_Disp(0,0,Bmp1);               // Bmp1 为某个汉字的首地址
        Bmp_Left_Disp(2,0,Bmp2);
        Bmp_Left_Disp(4,0,Bmp3);
        Bmp_Left_Disp(6,0,Bmp4);
        LCDMcs=1;                              //右屏开显示
        LCDScs=0;
        Bmp_Right_Disp(0,0,Bmp1);
        Bmp_Right_Disp(2,0,Bmp2);
        Bmp_Right_Disp(4,0,Bmp3);
        Bmp_Right_Disp(6,0,Bmp4);
        while(1)
        {
        }
}
```

五、实验步骤

（1）用 Keil C51 软件编辑源程序并对源文件进行编译，用 Proteus 系统画出实验电路图；

（2）在 Keil C51 系统中调试、运行程序，在 Proteus 系统中检查输出结果。

六、预习要求

（1）了解液晶显示器的工作原理；

（2）熟悉液晶显示器的字模软件的使用方法。

附录

TD-PITD 系统说明

一、TD-PITD 功能特点

1. 全面支持基于 80x86 的 16/32 位微机原理及接口技术的实验教学

系统全面支持“基于 80x86 的 16/32 位微机原理及接口技术的实验教学”，从而可使各学校由原来的“基于 DOS 系统的 16 位微机原理及接口技术”的实验教学顺利提升到“基于 80x86 的 16/32 位微机原理及接口技术”实验教学新层次。

“基于 80x86 的 16/32 位微机原理及接口技术”实验教学体系包括：80x86 实模式微机原理及接口技术（16 位微机原理及程序设计、32 位指令及其程序设计、微机接口技术及其应用）和 80x86 保护模式微机原理及接口技术（保护模式原理及其程序设计、虚拟存储管理及存储器扩展）。

2. 具有 Windows 2000/XP 环境下的汇编语言和 C 语言源程序的编程、调试、开发软件

专为在 Windows 2000/XP 系统环境下支持 80x86 微机原理及接口技术的实验教学设计了一套高度可视化的先进集成开发环境 TD-PITD。在该环境下可支持 80x86 汇编成 C 语言源语言级的编程和调试，支持实验平台上扩展的接口芯片及设备的 I/O 操作、中断以及 DMA 方式操作的编程及调试，支持实验平台上扩展存储器的编程操作及调试，完全解决了基于现代 PC 微机的 Windows 2000/XP 环境下，如何通过 PCI 总线扩展方式，全面开展 80x86 微机接口技术的实验教学问题。

3. 独特的 80x86 微机多任务保护模式程序的编程及调试环境

国内独有的 80x86 保护模式下的集成调试环境，支持保护模式下编程和调试软件，从而全面支持描述符及描述表实验、特权级变换实验、任务切换实验及中断/异常处理实验，并结合实验平台上的扩展存储器 SRAM，支持虚拟存储管理及存储器扩展实验。

4. 开放的 80x86 系统扩展总线，全面支持微机接口技术的各项实验

系统通过 PCI 到 AT/ISA 桥接卡，为实验平台提供全开放的 80x86 系统扩展总线，即具有 80x86 微机时序的 16 位数据总线、20 位地址总线和中断请求、存储器读写控制、IO 读写控制、DAM 控制、存储器高位字节使能等控制总线信号，全面支持微机接口技术的各项实验。

5. 完善的微机接口技术实验平台

实验平台上具有丰富且开放的单元化接口实验电路资源：扩展存储器 SRAM、DAM 控制器 8237、定时/计数器 8254、并口 8255、串口 8251、ADC0809、DAC0832、时钟源、单次脉冲、键盘输入及数码管显示、开关输入及发光管显示、电子发声、LED 点阵显示、步进电机、直流电机及温度控制单元电路等。可满足多种层次的微机原理及接口技术的实验教学和科研开发的需要。

6. 优越的系统扩展性能

系统提供了两组通用的集成电路扩展插座，用户可根据教学需要来扩展更多的实验项目。

可选配 TD-51 开发板，全面支持 51 单片机应用实验和开发。

二、TD-PITD 系统构成

TD-PITD 是一套 32 位的微机原理及接口技术实验教学系统，其主要系统构成如附表 1 所列。

附表 1　TD-PITD 系统构成

PCI 总线扩展卡	从 PC 机内的 PCI 总线扩展卡扩展出准 32 位 80x86 系统应用扩展总线
逻辑电平开关与显示	16 组电平开关，16 组电平显示 LED 灯（正逻辑）
接口实验单元	8237、8254、8255、8251、DAC0832、ADC0809、SRAM、时钟源、单次脉冲、键盘扫描及数码管显示、电子发声、点阵 LED、液晶 LCD（可选）、步进电机、直流电机、温度控制
实验扩展单元	2 组 40 线用集成电路扩展单元、扩展模块总线单元
系统电源	+5 V/2 A, ± 12 V/0.2 A
其他配件	电源线、实验电路连接线、总线扩展扁平电缆、实验用串行通信电缆
配套资料	用户手册，并赠送实验教程
PCI 总线应用开发平台（选配）	提供 PCI 总线设备开发板及开发手册
USB 总线应用开发平台（选配）	提供 USB 总线接口单元、51 单片机系统单元及开发手册
TD-51 实验开发平台（选配）	提供新型 SST51 单片机系统单元及实验开发手册

三、TD-PITD 系统配置与安装

TD-PITD 实验教学系统出厂时已经全部安装好。TD-PITD 主要系统配置情况如附表 2 所列。

附表 2　TD-PITD 系统的主要配置

项目	内容	数量	项目	内容	数量
PCI 总线扩展	PCI 总线桥接卡	1	键盘	4×4 键阵	1
基本接口芯片	8254	1	数码显示	共阴极数码管	6
	8255	1	电子音响	扬声器	1
	8237	1	单次脉冲	微动开关	2
	8251	1	逻辑开关	拨动开关	16
	DAC0832	1	显示灯	LED	16
	ADC0809	1	驱动接口	ULN2803	1
			步进电机	35BYJ46 型	1
			直流电缆	DC 12 V，1.1 W	1
实验扩展存储器	62256SRAM	2	总线电缆	50 线扁平电缆	1
			机内电源	5 V、±12 V	1
点阵	16×16LE 点阵	1	箱体		1
液晶（可选）	图形液晶	1	实验用连线		
51 系统板（可选）		1			

四、TD-PITD 实验系统硬件操作环境——80x86 微机系统单元

（一）概述

TD-PITD 实验系统硬件主要由 PCI 桥接卡和 TD-PITD 实验平台构成。PCI 桥接卡包括 PCI 总线接口电路和扩展总线插座，主要实现从 PC 机内的 PCI 总线扩展出准 32 位 80x86 系统应用扩展总线。PCI 桥接卡结构如附图 1 所示。

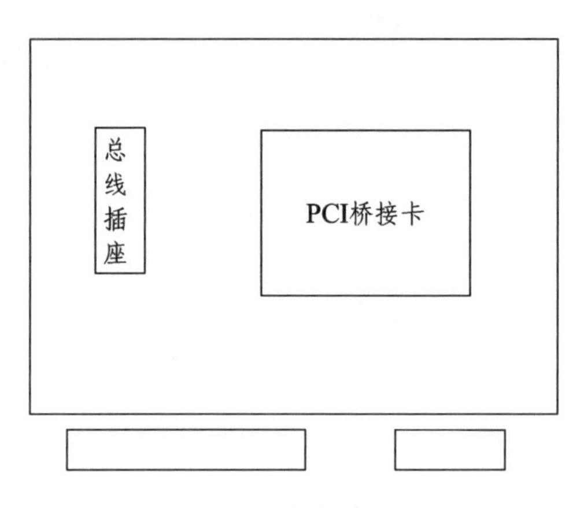

附图 1　PCI 桥接卡结构图

TD-PITD 实验平台上的电路结构主要分为系统总线单元电路和实验单元电路两部分，是 32 位微机接口实验的主要操作平台。实验平台结构如附图 2 所示。

电源
时钟源
系统总线单元
扩展实验区
温控单元
系统总线单元
转换单元
8237单元
A/D转换单元
点阵显示单元
D/A转换单元
SRAM单元
8251串行通信单元
8254单元
单次脉冲单元
SPK步进电机单元
8255单元
开关及LED显示单元
键盘及数码管显示单元
驱动单元
直流电机单元

附图 2　TD-PITD 实验平台结构图

（二）系统总线单元电路

系统总线单元实现了面向 80x86 微机系统的准 32 位系统总线，符合 80x86 总线时序标准的接口电路均可以直接连接到该总线上，系统总线以排针和锥孔两种形式引出，实验时，与实验单元相连可完成相应的实验。系统引出信号线说明见附表 3。

附表 3　80x86 微机系统信号线说明

信号线	说　明	信号线	说　明
$XD_0 \sim XD_{15}$	系统数据线（输入/输出）	INTR	中断请求信号（输入）
$XA_1 \sim XA_{20}$	系统地址线（输出）	$\overline{MWR}$、$\overline{MRD}$	存储器读、写信号
$\overline{BHE}$、$\overline{BLE}$	字节使能信号（输出）	$\overline{IOW}$、$\overline{IOR}$	I/O 读、写信号
MY_0、MY_1	存储器待扩展信号（输出）	RST	复位信号（正输出）
$IOY_0 \sim IOY_3$	I/O 接口待扩展信号（输出）	$\overline{RST}$	复位信号（负输出）
HOLD	总线保持请求（输入）	CLK	1 MHz 时钟输出
HLDA	总线保持应答（输出）		

（三）接口实验单元

每个单元的电源与地线均已连接好。“圆圈”表示该信号通过排针或锥孔座引出，实验中需要通过排线或锥孔连接线进行必要的连线来完成实验。

（四）SRAM 实验单元

SRAM 实验单元由两片 62256 组成 32K × 16 的存储器访问单元，数据宽度为 16 位，低字节与高字节的选择由 BLE、BHE 决定。如果只需要使用一片 32K*8 的存储器时，可以将 BLE 或 BHE 信号直接与 GND 相接。电路如附图 3 所示。

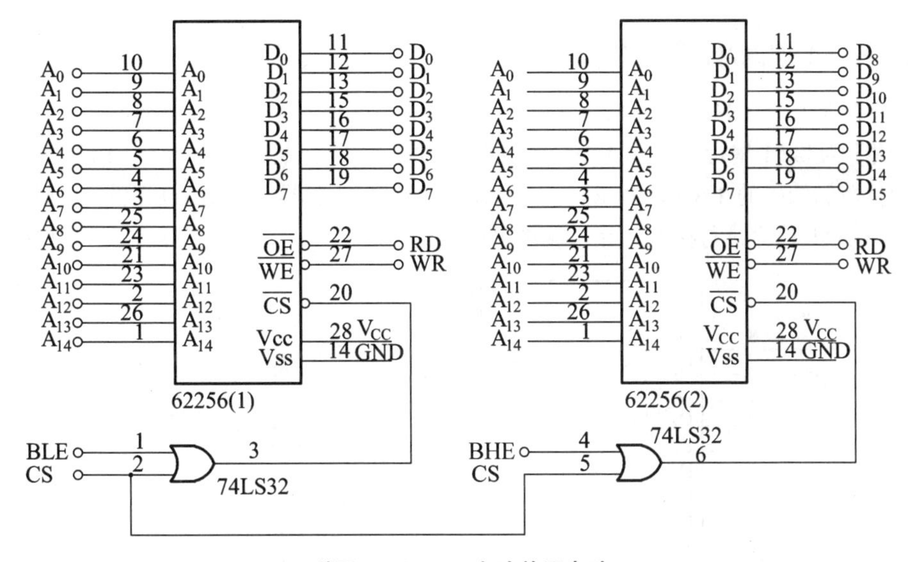

附图 3　SRAM 实验单元电路

（五）8237DMA 实验单元

DMA 实验单元主要由一片 8237 和一片 74LS573 组成，如附图 4 所示。

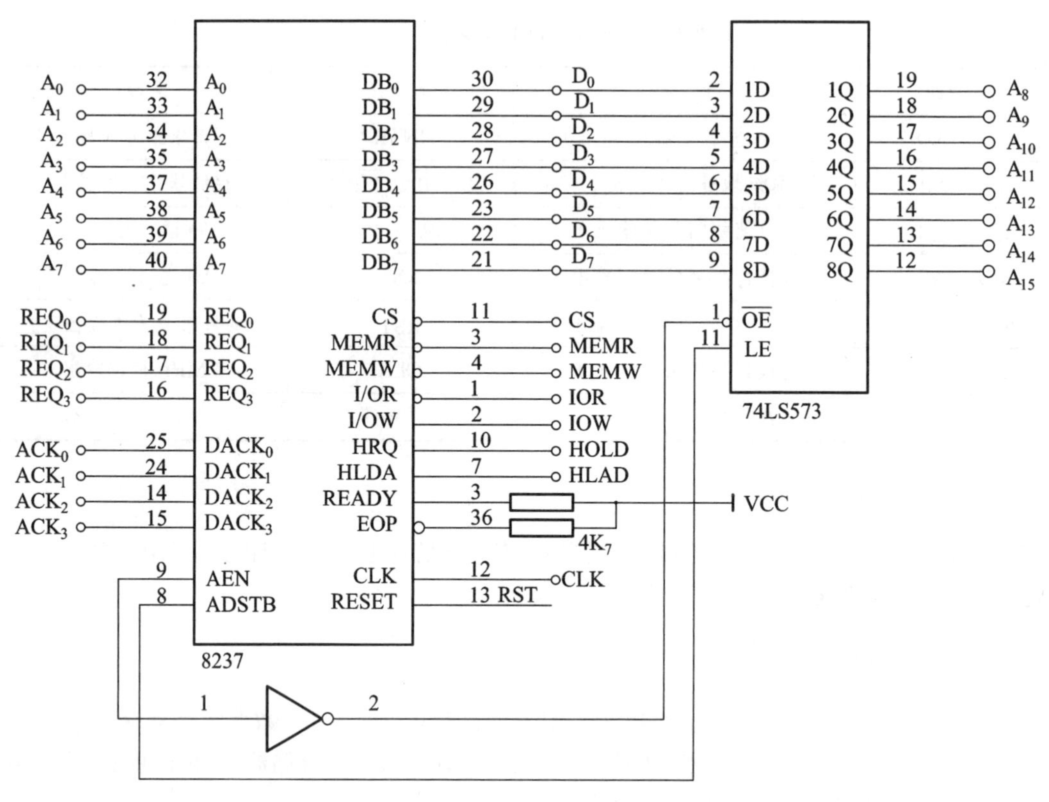

附图 4　8237DMA 实验单元电路

（六）8254 定时/计数器单元

8254 共有 3 个独立的定时/计数器，其中 0 号和 1 号定时/计数器开放出来可任意使用，2 号定时/计数器用于为 8251 串行通信单元提供收发时钟。2 号定时/计数器的输入为 1.843 2 MHz 时钟信号，输出连接到 8251 的 TxCLK 和 RxCLK 引脚上。定时/计数器 0 的 GATE 信号已连接了上拉电阻，若不对 GATE 信号进行控制，在实验中可以不连接此信号。具体实验电路图如附图 5 所示。

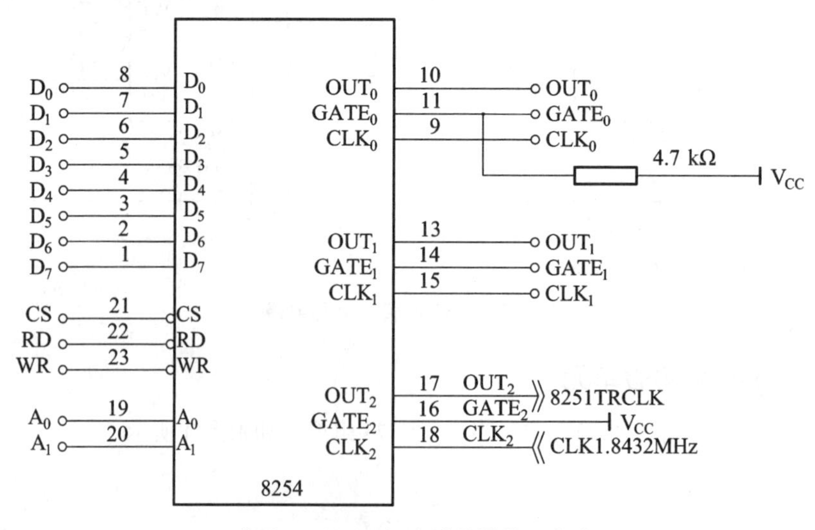

附图 5　8254 定时/计数器单元电路

（七）8251 串行通信单元

如附图 6 所示，串行通信控制器选用 8251，收发时钟来自 8254 单元的定时/计数器 2 的输出，控制器的复位信号已与系统连接好。

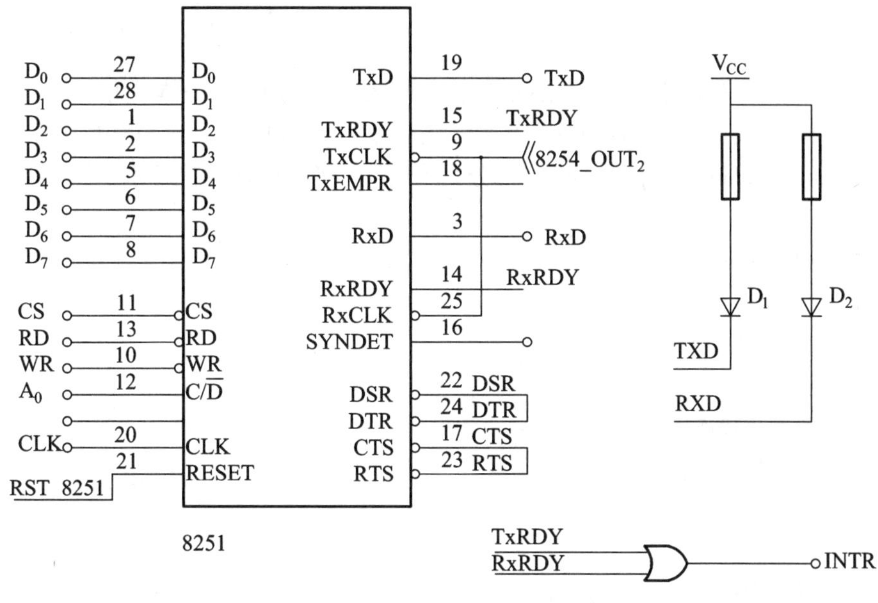

附图 6　8251 单元电路

（八）模/数、数/模转换单元

模/数转换实验单元由 ADC0809 芯片及电位器组成，ADC0809 的 IN7 通道用于温度控制实验，增加一个 510 Ω的电阻与热敏电阻构成分压电路，如附图 7 所示。

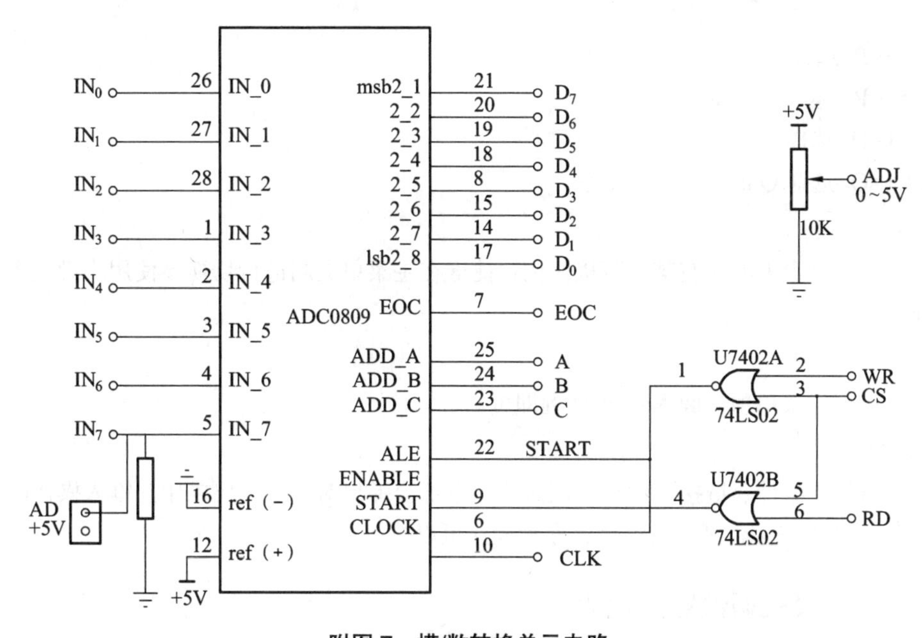

附图 7　模/数转换单元电路

数/模转换电路实验单元由 DAC0832 与 LM324 构成，采用单缓冲方式连接。通过两级运算放大器组成电流转换为电压的转换电路。

五、Tddebug 集成操作软件说明

(一)主菜单说明

Tddebug 集成操作软件集编辑、编译、链接、调试等多个功能于一体，为用户提供了一个学习 32 位微机保护模式下汇编程序设计的平台。该软件主界面包含了 6 个菜单，分别为：Edit，Compile，Pmrun，Rmrun，Help 和 Quit。部分菜单还包含了子菜单。下面对每个菜单可以实现的功能一一介绍。

Edit：编辑源文件。

Compile：

- Compile，编译源文件；
- Link，连接目标文件；
- Build All，编译和连接。

Pmrun：进入保护模式调试状态。

Rmrun：

- Run，运行实模式程序；
- Debug，进入实模式调试状态。
- Help，版本信息。
- Quit，退出 Tddebug。

1. 选择主菜单：<Alt>+<KEY>（E,C,P,R,H,Q）

<Alt>+<E>选择 Edit；

<Alt>+<C>选择 Compile；

<Alt>+<P>选择 Pmrun；

<Alt>+<R>选择 Rmrun；

<Alt>+<H>选择 Help；

<Alt>+<Q>选择 Quit。

2. 菜单切换

可以通过小键盘上的左右键或直接使用快捷键在主菜单之间进行切换。使用小键盘上的上下键可以选择子菜单中的菜单项。

3. 执行菜单项

选中要执行的菜单项，键入<Enter>键即可。

4. 说明

在执行编辑、编译、链接、运行、调试前，系统会弹出对话框，要求用户键入操作的文件名称。结束键入则以<Enter>键作为结尾，取消操作可以按<Esc>。

(二)保护模式调试窗口说明

在 Tddebug 主菜单中执行<Alt>+<P>（Pmrun），就进入了保护模式调试窗口。保护模式原理

实验均在这个环境中完成。

1. 窗口划分

保护模式调试窗口共分为 4 个区域——Data,Code,Command,Register，分别指示数据区、代码区、命令区和寄存器显示区。默认状态下，光标停留在 Command 窗口，用户可以在此键入操作命令。通过<Tab>键可以在 4 个窗口间进行切换。当切换到 Data 窗口中时，可以通过上下键浏览存储段中的内容。当切换到 Code 窗口中时，可以通过上下键反汇编存储段中的程序。

2. 快捷键

<F1>：弹出帮助对话框；

<F7>：单步执行程序；

<F8>：单句执行程序；

<F9>：运行程序。

（三）命令说明

Tddebug 调试环境提供的命令如附表 4 所列。系统除支持保护模式下汇编语言程序的调试外，还支持 32 位寄存器显示等。下面对每个命令给出相应的命令格式及说明。

附表 4 Tddebug 调试命令表

命令内容	格式	命令说明
Load	L filename	装载可执行程序
Reload	Reload	重新装载当前调试程序
Trace	T[[seg:]offset]	单步执行一条指令
Step	P[=seg:offset]	单句执行一条指令
Go	g=[seg:]offset	执行程序
Go break	gb[=[seg:]offset]	断点执行程序
Set breakpoints	B	设置断点
List reakpoints	Bl	列断点表
Clear breakpoints	Bc number(0,1,2,3)	清除断点
Unassemble	U[[seg:]offset]	反汇编
Dump	D[[seg:offset]	显示存储单元内容
Enter	E[seg:]offset	修改存储单元
Register	R[regname]	显示/修改寄存器内容
Peek	Peek type(b,w,d)phys_add	从物理地址取数据
Poke	Peektype(b,w,d)phys_add value	向物理地址写数据
Cpu	Cpu	显示系统寄存器
Gdt	Gdt	显示全局描述符表
Idt	Idt	显示中断描述符表
Ldt	Ldt	显示局部描述符表
Tss	Tss	显示任务状态段
Quit	Q	退出调试状态

1. Load

格式：L filename(full path)

说明：Load 命令用来装入实验程序。系统按照实验程序内部各个段的排列顺序，将程序装入从 120000H 的内存地址开始的一个连续空间内。程序装入后，系统将为用户分配起始运行时的 ds、fs、gs、es（对应实验程序装入段选择子），系统将除 esp 以外的通用寄存器清零，并为用户分配一个 0 级的 1 024 字节大的堆栈，置 cs、eip 及标志寄存器。

例: l d:\masm\ldt.exe

屏幕显示：loading......please wait for a minute!

Load OK!

2. Reload

格式：Reload

说明：清零命令，将通用寄存器、段寄存器、标志寄存器设置成 Load 后的状态，并将用户设置断点清空，调用 Reload 指令后，各窗口显示内容将刷新到初始状态。

例: reload

3. Trace

格式：T

T offset

T seg:offset

说明：单步命令有三种格式：

（1）单独的 t 命令，系统会从当前 cs，eip 所指地址开始执行程序。

（2）系统从当前 cs 和 offset 所指地址开始执行。

（3）系统从 seg：offset 指示的地址开始执行一条指令。

例：T / T 0000 / T 50:0000

正常结束：显示通用寄存器、段寄存器、标志寄存器内容，显示下一条指令。

错误提示：

（1）“Selector Error!”，选择子错误。

（2）“Format Error!”，地址格式错误。

（3）“Limit Error!”偏移超出段限。

（4）其他错误提示，可能对应了一个异常提示信息。

4. Step

格式：P

P=offset

P=seg:offset

说明：执行过程命令，从给定地址处开始执行一个过程。如未给定地址，将从系统当前指示地址处开始执行；若地址仅包含偏移部分，则取系统当前 cs 作为地址的选择子，执行一个过程。

例：P

P=50:0000

错误提示：

（1）“Selector Error!”，选择子错误。

（2）“Format Error!”，地址格式错误。
（3）“Limit Error!”，偏移超出段限。
（4）其他错误提示，可能对应了一个异常提示信息。

5. Go

格式： G=offset

G=seg:offset

说明： Go 命令从给定地址处开始执行指令。地址应当包含段选择子和偏移两部分，若给定地址仅包含 offset，则取当前指令所指的 cs 作为地址的段选择子。（忽略断点）

例： g=50:0000

错误提示：

（1）“Selector Error!”，选择子错误。
（2）“Format Error!”，地址格式错误。
（3）“Limit Error!”，偏移超出段限。
（4）其他错误提示，可能对应了一个异常提示信息。

6. Go break

格式： GB

GB=offset

GB=seg:offset

说明： GB 命令从给定地址处开始执行指令。给定地址应当包含选择子和偏移两部分。若键入的命令没有带地址参数，则从系统当前 cs, eip 处开始执行指令；若地址仅包含偏移部分，则取系统当前 cs 作为地址的选择子。执行过程中如果遇到断点地址，则程序的执行将会停止。

例： GB

GB=50:0000

错误提示：

（1）“Selector Error!”，选择子错误。
（2）“Format Error!”，地址格式错误。
（3）“Limit Error!”，偏移超出段限。
（4）其他错误提示，可能对应了一个异常提示信息。

7. Set breakpoints

格式： B

0: [seg:]offset

1: [seg:]offset

2: [seg:]offset

3: [seg:]offset

说明： 系统最多可支持 4 个断点的调试，当用户键入了命令 B 后，系统会要求用户分别键入 4 个断点的地址，并判断用户键入地址格式的正确性。如果地址正确，系统将会设置对应编号的调试寄存器，并允许 CPU 监视该编号的断点。目前系统仅支持可执行断点的设置。

例： B

0：50：0000

注：调试系统在设置断点时使用的是CPU提供的调试寄存器，所以目前最多支持4个断点，而且仅支持代码断点。此处B命令并未对地址的有效性进行判定，如果用户设置的断点指示的是数据断点，则无法到达断点。而且用户如果将断点设置在系统程序段中，可能引起系统崩溃。

错误提示：

（1）“Format Error!”，地址格式错误。

（2）“Address Error!”，地址不合法。

8. List breakpoints

格式：bl

说明：如果用户在系统中设置了断点，该命令会将用户设置的所有断点号及断点地址显示出来。如果没有设置断点，系统会给予提示。

9. Clear breakpoints

格式：bc

bc n （n 为0、1、2、3 中的任意一个）

说明：使用bc命令可以清除系统内的所有断点，也可清除指定断点。

10. Unassemble

格式：U

U [seg:]offset

说明：反汇编命令。有两种格式：第一种，单独的U 命令，系统将从当前cs，eip指向的地址开始读取最多128个字节长的代码（读取字节数视cs的段限和eip所指位置而定），并显示；第二种，用户给定读取的起始地址，系统对地址进行合法性判别，若是合法的，则从给定地址处读取最多128个字节的内容并显示。

例: U

U 0000

U 10:0000

错误提示：

（1）“Selector Error!”，选择子错误。

（2）“Format Error!”，地址格式错误。

（3）“Limit Error!”，偏移超出段限。

11. Dump

格式：D

D [seg:]offset

D [seg:] offset1 offset2

说明：显示存储单元命令。有三种格式：第一种，单独的D命令，系统将从当前ds,esi所指的单元中读取最多128个字节的内容（读取字节数视ds 的段限和esi 所指位置而定），并显示；第二种，用户给定读取的起始地址，系统对地址进行合法性判别，如合法，则从给定地址处读取最多128个字节的内容并显示；第三种，用户给定读取的起始和终止地址，系统对地址进行合法性判别，如合法，则从内存读出给定范围内的数据并显示。

例: D

D 0000

D 10:0000

显示：0010:00000000 ff 11 ff 22 ff ff ff ff-00 00 00 00 00 00 00 00

错误提示：

（1）“Selector Error!”，选择子错误。

（2）“Format Error!”，地址格式错误。

（3）“Limit Error!”，偏移超出段限。

12. Register

格式： R

说明： 显示寄存器命令。显示的寄存器包括 6 个段寄存器，8 个 32 位通用寄存器和标志寄存器。单独的 R 命令将显示上述所有寄存器。R 命令后如果带了寄存器的名称，将只显示指定寄存器的内容，并允许用户修改该寄存器的值。

13. Peek

格式： peek type（b,w,d）physical_address

说明： 从 physical_address 指定的物理地址取一个字节、字或者双字的内容，并显示。type 标识了取的长度，b 为字节，w 为字，d 为双字。

14. Poke

格式： poke type（b,w,d）physical_address value

说明： 向 physical_address 指定的物理地址写一个字节、字或者双字的内容。type 标识了取的长度，b 为字节，w 为字，d 为双字；value 标识了写的内容。

15. CPU

格式： CPU

说明： 显示调试寄存器 $DR_{0\sim3}$、$TR_{6\sim7}$的内容，以及 CR_0的内容。以后可扩展显示其余 CR 寄存器的内容，以及测试寄存器的系统寄存器内容。

16. Gdt

格式： GDT

说明： 显示系统描述符表命令。

17. Idt

格式： IDT

说明： 显示中断描述符表命令。

18. Ldt

格式： LDT

说明： 显示局部描述符表命令。如果实验程序中没有使用局部描述符表，该命令无效。

19. Tss

格式： TSS

说明： 显示任务状态段命令。如果实验程序中没有使用任务，该命令无效。

20. Quit

格式： Q

说明： 退出调试命令。

参 考 文 献

[1] 郑学坚，周斌. 微型计算机技术及应用[M]. 北京：清华大学出版社，2008.
[2] 戴梅萼，史嘉权. 微型计算机技术及应用[M]. 北京：清华大学出版社，2004.
[3] 吴秀清. 微型计算机原理与接口技术[M]. 北京：中国科技大学出版社，2003.
[4] 沈美明，温冬婵，张赤红. IBM-PC 汇编语言程序设计实验教程[M]. 北京：清华大学出版社，1997.
[5] 李朝纯. 微型计算机原理与接口技术[M]. 武汉：武汉理工大学出版社，2003.
[6] 周国祥，王建新. 微机原理与接口技术复习考试指南[M]. 合肥：合肥工业大学出版社，2006.
[7] 刘星. 微机原理与接口技术[M]. 北京：电子工业出版社，2002.
[8] 李叶紫，王喜斌，胡辉，等. MCS-51 单片机应用教程[M]. 北京：清华大学出版社，2004.
[9] 张靖武，周灵彬. 单片机原理、应用与 PROTEUS 仿真[M]. 北京：电子工业出版社，2008.
[10] 周立功，等. 单片机实验与实践教程[M]. 北京：北京航空航天大学出版社，2006.
[11] 刘玉宾，朱焕立，等. 单片机原理及接口技术实践教程[M]. 北京：机械工业出版社，2004.
[12] 徐惠民，安德宁. 单片微型计算机原理、接口及应用[M]. 北京：北京邮电大学出版社，2007.
[13] 张靖武，周灵彬. 单片机系统的 PROTEUS 设计与仿真[M]. 北京：电子工业出版社，2007.